高 等 学 校 教 材

电化学实验

王瑞虎　主编

何艳贞　李敬德　梁均　副主编

U0228717

化学工业出版社

·北京·

内容简介

《电化学实验》分5章介绍了电化学工业及科技前沿所涉及的电化学实验知识。第1章介绍了电化学实验基础，包括电极、电解质溶液、电解池、电化学测试中的两个回路等基本概念。第2章介绍了电化学测量技术，包括稳态、暂态研究方法，循环伏安法、线性扫描伏安法、旋转电极法以及电化学阻抗法，通过测量技术，加深对理论知识的理解，培养学生实践操作能力，为电解、电镀、电池等领域的实验奠定基础。第3章为电催化实验，通过电解水制氢、电催化还原二氧化碳、电催化降解有机物等科技前沿实验，培养学生的创新能力以及将所学知识与国家需求相结合的意识。第4章为金属表面的电化学修饰相关工程实验，培养学生工程意识与实践能力。第5章为化学电源的测试实验，包括铅蓄电池、镍氢电池、锂硫电池等测试，培养学生的科学研究能力。

本书主要供高等学校化学及相关专业高年级本科生及电化学、应用化学专业的研究生作为教材使用，也可供电化学应用领域的生产和科研人员参考。

图书在版编目（CIP）数据

电化学实验 / 王瑞虎主编. — 北京：化学工业出版社，2023.8

高等学校教材

ISBN 978-7-122-43439-5

Ⅰ．①电…　Ⅱ．①王…　Ⅲ．①电化学-化学实验-高等学校-教材　Ⅳ．①O6-334

中国国家版本馆CIP数据核字（2023）第080547号

责任编辑：马泽林　杜进祥　　　　文字编辑：杨凤轩　师明远
责任校对：宋　夏　　　　　　　　装帧设计：关　飞

出版发行：化学工业出版社
　　　　　（北京市东城区青年湖南街13号　邮政编码100011）
印　　装：北京天宇星印刷厂
787mm×1092mm　1/16　印张7　字数132千字
2025年3月北京第1版第2次印刷

购书咨询：010-64518888　　　　售后服务：010-64518899
网　　址：http://www.cip.com.cn
凡购买本书，如有缺损质量问题，本社销售中心负责调换。

定　　价：25.00元　　　　　　　版权所有　违者必究

前言

　　电化学是物理化学的重要分支，是研究电能和化学能之间相互转化以及转化过程中有关规律的学科。电化学理论的成熟及电化学工业的快速发展，促进了电化学技术向更广阔科学领域的扩散和渗透，形成了许多跨学科或边缘领域的学科。现在的电化学已经成为国民经济与工业中不可缺少的一部分，广泛应用于电解、电镀、光电化学、电催化和金属腐蚀等领域。

　　电化学是一门建立在实验基础上的学科。电化学实验主要通过实验的手段，研究物质的电化学性质以及这些性质与物质组成之间的关系，从而形成对规律的认识。"电化学实验"课程是电化学专业本科生培养计划中的一个重要的实验环节。通过"电化学实验"课程的教学，不仅能了解和掌握电化学的有关测定方法和基本的测试技术，而且可以巩固和加深对电化学原理的理解，提高电化学知识灵活运用的能力。该课程的合理开展，有助于电化学专业的学生更好地将所学理论基础与实际相联系，更好地通过实验理解相关理论问题。

　　2022 年 10 月，中国共产党第二十次全国代表大会的胜利召开标志着全国各族人民站到了为全面建设社会主义现代化国家、全面推进中华民族伟大复兴而团结奋斗的新起点。教育、科技、人才是全面建设社会主义现代化国家的基础性、战略性支撑。历史告诉我们：必须坚持科技是第一生产力、人才是第一资源、创新是第一动力，深入实施科教兴国战略、人才强国战略、创新驱动发展战略。到 2035 年，我国在科技领域的发展目标包括：实现高水平科技自立自强，进入创新型国家前列。青年强，则国家强。当代青年与科技工作者应坚持守正创新，以科学的态度对待科学、以真理的精神追求真理，紧跟时代步伐，顺应实践发展。

　　随着教育改革的逐步深化，素质教育的全面推进，加强创新教育是大学化学实验教学中必须面对的紧迫问题。为了适应新形势和电化学快速发展的要求，在调查和分析河北工业大学多年来开设的"电化学实验"课程教学现状基础上，充分利用目前拥有的电化学实验仪器，对现有的电化学实验装置和实验方法进行改革与实践，以全面培养和提高电化学综合实验能力为宗旨，编写了本教材。

  本教材的特点是从电化学基础知识入手，以典型和共性的实验为基础，结合编者的研究成果，引入最新的电化学实验方法，锻炼学生的基础实验能力，了解最新的科学前沿成果，培养学生的创新能力和科学研究能力。本教材分两部分。第一部分为电化学实验的基础知识（第 1、2 章），简明扼要地介绍了电化学体系的组成和作用，常用的电化学测量技术以及电化学测试仪器的原理和使用方法。第二部分为电化学实验部分（第 3～5 章），主要包括电催化、金属表面的电化学修饰和化学电源等电化学过程涉及的典型实验。本教材从电化学实验相关的基础知识到验证性实验，遵循循序渐进的原则，最大限度地实现对学生在实验验证、知识拓展、能力创新及价值导向等方面的全方位培养。

  本教材在编写过程中，参考了国内外有关文献及教材。同时，承蒙河北工业大学韩恩山教授审阅，提出了宝贵意见，特此表示衷心感谢。张自强、宋茂森、李鹏月、律浩伟、张琪、谢晓飞、申文祥、马恬恬、张莹等也为本教材的编写付出了辛勤的劳动，在此一并致谢。

  由于编者水平有限，书中难免存在疏漏，敬请专家和读者不吝指教。

编者

2023 年 1 月

目 录

第 1 章 电化学实验基础 / 1

1.1 电极 ··· 2

1.2 电解质溶液 ·· 5

1.3 电解池 ··· 6

    1.3.1 电解池的种类 ·· 6

    1.3.2 常用的电解池 ·· 8

1.4 电化学测试中的两个回路 ·· 9

    1.4.1 电流的测量 ··· 9

    1.4.2 电极电势的测量 ·· 10

思考与讨论 ·· 11

第 2 章 电化学测量技术 / 13

2.1 稳态研究方法 ··· 14

    2.1.1 稳态 ·· 14

    2.1.2 恒电位法 ·· 14

    2.1.3 恒电流法 ·· 15

    2.1.4 稳态极化曲线 ·· 15

2.2 暂态研究方法 ··· 15

    2.2.1 暂态 ·· 15

    2.2.2 暂态测量技术 ·· 16

    2.2.3 控制电流法 ··· 16

　　　2.2.4　控制电位法 ·· 17

　　　2.2.5　控制电量法 ·· 17

　2.3　循环伏安法 ··· 17

　2.4　线性扫描伏安法 ·· 18

　2.5　旋转电极法 ··· 20

　2.6　电化学阻抗法 ··· 21

　思考与讨论 ·· 23

第 3 章　电催化 / 25

实验 1　电解水实验 ·· 26

　　一、H 槽酸性电解水实验 ··· 26

　　二、H 槽碱性电解水实验 ··· 28

　　三、碱性阴离子交换膜电解槽水电解实验 ·································· 31

实验 2　氧化亚铜催化剂用于电催化二氧化碳还原实验 ················· 34

实验 3　电催化法降解有机物 ·· 38

　　一、电化学尿素氧化实验 ··· 38

　　二、电化学氧化法降解苯酚实验 ·· 40

实验 4　电化学测试 ··· 43

　　一、测定电解水反应中的交换电流密度 ···································· 43

　　二、旋转圆盘电极测定氧还原反应参数 ···································· 45

　　三、交流阻抗测量聚合物阴离子交换膜电导率 ························· 47

实验 5　金属腐蚀电化学测试 ·· 50

　　一、线性极化技术测量金属腐蚀速率 ······································· 50

　　二、聚苯胺防腐涂层的制备及防腐性能实验 ····························· 52

第 4 章　金属表面的电化学修饰 / 55

实验 6　不锈钢片的电化学抛光实验 ·· 56

实验 7　赫尔槽实验 ··· 59

实验 8　电化学镀铜实验 ·· 62

实验 9　铝的草酸阳极氧化实验 ·· 66

实验 10　铝阳极氧化膜电解着色实验 ·· 69

实验 11　金属电化学腐蚀与防护实验 ·· 72

第5章 化学电源 / 75

实验 12 铅蓄电池的制备与性能测试 ·· 76
实验 13 镍氢电池的制备及其电化学性能测试 ··· 80
实验 14 正极用锰酸锂的制备及其锂电性能测试 ······································ 84
实验 15 负极用 C-SnO$_2$ 的制备及其锂电性能测试 ································· 87
实验 16 碳纳米管-硫正极材料的制备及锂硫电池性能测试 ························· 90
实验 17 硫化镍电极的制备及其超级电容性能测试 ·································· 93

附录 1 部分常用的物理常数 / 96

附录 2 甘汞电极在不同温度下的电极电势 / 97

附录 3 酸性溶液中的标准电极电势 $E_标$（298K）/ 98

附录 4 碱性溶液中的标准电极电势 $E_标$（298K）/ 99

参考文献 ·· 100

第 1 章

电化学实验基础

电化学实验的基础是正确测量包含电极过程各种动力学信息的电极电势和通过电极的电流这两个物理量，研究它们在各种极化信号激励下的变化关系，从而研究电极表面的基本过程。电极电势和电流是表征复杂微观电极过程的宏观物理量。复杂电极过程包含许多步骤，随着条件的变化会引起电极电势、流经电极的电流或二者同时发生变化。在经典电化学的测量中，主要就是通过测量电极过程中各种微观信息的宏观物理量（电流和电极电势）来研究电极过程的各个步骤和反应机理。电化学测量体系是研究电化学体系的基本装置，包括浸在电解质溶液或紧密附在电解质上的两个电极，并且在许多情况下采用隔膜将两个电极分隔开。电化学体系各个部件的合理设计对于电化学测量的精度和准确性至关重要。为了同时测定通过电极的电流和电势，防止电极电势因极化电流而产生较大误差，常采用三电极体系。如图 1-1 所示，三电极体系的基本部分包括工作电极、参比电极、辅助电极、电解质溶液和电解池容器。

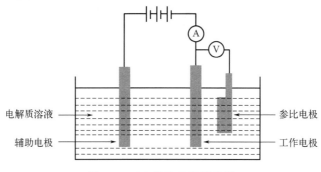

图 1-1　三电极体系的示意图

1.1　电极

电极（electrode）一般为电子导体或半导体，同电解质溶液或电解质紧密接触，是电化学反应接受或供给电子的场所。电化学体系借助于电极实现电能的输入或输出，其电极电势的变化制约着电子转移反应的方向和限度。

工作电极（working electrode），又称研究电极，所研究的电化学反应在该电极上发生。一般的工作电极需满足以下三个条件：①电极自身发生的反应不会对所研究的反应产生影响，能够在较大的电位区域中进行测定；②电极不与溶剂或电解质溶液组分发生反应；③电极面积不宜太大，电极表面均一、平滑，且能够通过简单的方法进行表面净化。工作电极可以是固体，也可以是液体，各种能导电的固体材料均能用作电极。最普通的惰性固体电极材料有玻碳、铂、金、银、铅和导电玻璃等。采用固体电极时，为了保证实验的重现性，必须注意建立合适的电极预处理步骤，以保证氧化还原、表面形貌和不存在吸附杂质的可重现状态。常用的液体工作电极包含汞和汞齐等，它们有可重现的均相表面，制备和保持清洁都较容易，同时电极上高的氢析出超电势提高了在负电位下的工作窗口，已被广泛用于电化学分析。

辅助电极（counter electrode，CE）又称对电极，该电极起到导电的作用，同工作电极组成回路，使工作电极上电流畅通，以保证所研究的反应在工作电极上发生。辅助电极的性能一般不显著影响研究电极上的反应，但是辅助电极相对于研究电极的位置能直接影响研究电极表面电流分布的均匀性。当辅助电极位置不当时，电极表面电流分布得不均匀，会造成电势分布得不均匀，进而造成测量电势的误差。为了避免辅助电极对测量结果产生任何特征性影响，对辅助电极的结构有一定的要求。辅助电极应具有大的表面积使得外部所加的极化主要作用于工作电极上，辅助电极本身电阻要小，并且不容易极化，同时对其形状和位置也有要求。正确选择辅助电极的大小与形状，正确设置辅助电极与研究电极之间的位置关系是避免电势分布不均匀的主要措施。为了减少辅助电极极化对工作电极的影响，辅助电极同研究电极通常被隔开，在电化学研究中经常选用性质比较稳定的材料，比如铂或石墨作为辅助电极。

参比电极（reference electrode，RE）是测量工作电极的电极电势时作为参照比较的电极，它的电极电势是已知的。将参比电极与工作电极组成电池，测定电池电动势数值，就可计算出工作电极的电极电势。在参比电极上进行的电极反应必须是单一的可逆反应，其交换电流密度较大，制作方便，电极电势稳定，重现性好。严格地讲，标准氢电极是理想的参比电极，但实际上并不易于实现。因此在实际进行电极电势测量时总是采用电极电势已精确知晓而且稳定的微溶盐电极作为参比电极。经常使用的参比电极有以下三种：金属相或者溶解的分子分别与其离子组成平衡体系，如 $H^+ \mid H_2(Pt)$，$Ag^+ \mid Ag$，汞齐型 $M^+ \mid M(Hg)$；金属与该金属难溶化合物电离出的少量离子组成的平衡体系，如 $AgCl \mid Ag$，$Hg_2Cl_2 \mid Hg$，$Hg_2SO_4 \mid Hg$ 和 HgO/Hg；其他体系，如玻璃电极和离子选择性电极等。

不同研究体系可选择不同的参比电极，水溶液体系中常见的参比电极有：饱和甘汞电极、标准氢电极和 $AgCl \mid Ag$ 电极等。表 1-1 为常见水溶液参比电极电势值。需要指出的是，许多有机电化学测量是在非水溶剂中进行的，尽管水溶液参比电极也可以使用，但不可避免地会给体系带入水分，影响测量效果，因此，最好使用非水参比体系。常用的非水参比体系为 $Ag \mid Ag^+$（乙腈）。表 1-2 为用于溶剂体系的参比电极。

表 1-1　常见水溶液参比电极电势值（25℃）

名称	电极	E(vs. NHE)/V
饱和甘汞电极	$Hg_2Cl_2 \mid Hg$，饱和 KCl	0.241
标准甘汞电极	$Hg_2Cl_2 \mid Hg$，1mol/L KCl	0.280
硫酸亚汞电极	$Hg_2SO_4 \mid Hg$，饱和 H_2SO_4	0.650

名称	电极	E(vs. NHE)/V
硫酸亚汞电极	$Hg_2SO_4|Hg,1mol/L\ H_2SO_4$	0.615
氧化汞电极	$HgO|Hg,1mol/L\ KOH$	0.098
氯化银电极	$AgCl|Ag,饱和\ KCl$	0.199

注: vs. NHE—相对于一般氢电极。

表 1-2　用于溶剂体系的参比电极

溶剂体系	参比电极	溶剂			
		乙腈	碳酸丙烯酯	二甲酰胺	二甲亚砜
参比电极室使用非水溶剂	$H^+|H_2$	a	a	a	b
	$Ag^+|Ag$	a	a	c	a
	$AgCl|Ag$	b	b	b	b
	$Hg_2Cl_2|Hg$	b	b	b	b
	$Fe(Cp)_2^+|Fe(Cp)_2^+(Pt)$	a	a	a	a
参比电极室使用水溶剂	$Hg_2Cl_2|Hg^+$,盐桥	a	a	a	a
	$AgCl|Ag^+$,盐桥	a	a	a	a

注: a 表示十分稳定,重现性好; b 表示不稳定; c 表示较少使用; Cp 为茂基。

标准氢电极(standard hydrogen electrode,SHE)。由于单个电极的电势无法确定,故规定任何温度下标准状态氢电极的电势为零,任何电极的电势就是该电极与标准氢电极所组成电池的电动势。常以在标准状态下,氢离子和氢气的活度为 1 时的电势为电极电势的基准,其值为零。

甘汞电极(calomel electrode)是实验室最常用的参比电极之一,它的电极反应是: $Hg_2Cl_2+2e^-\longrightarrow 2Hg+2Cl^-$,其电位与氯离子的浓度有关。当溶液中的氯化钾达到饱和时的甘汞电极,叫作饱和甘汞电极(standard calomel electrode,SCE),其标准电极电势为 0.2412V;KCl 浓度为 1.0mol/L 的电极电势为 0.2801V;KCl 浓度为 0.1mol/L 的电极电势为 0.3337V。饱和甘汞电极一般用于酸性或中性溶液中。如果使用盐桥,在排除氯离子对工作电极影响的条件下,在碱性溶液中也可以使用饱和甘汞电极。

银氯化银电极(AgCl|Ag)也是实验室最常用的参比电极之一,其电极反应为: $AgCl+e^-\longrightarrow Ag+Cl^-$,其电极电势也受氯离子浓度的影响。当溶液中的氯化钾浓度达到饱和时的电极电势为 0.199V。

对于化学电源和电解装置,辅助电极和参比电极通常合二为一。化学电源中电极材料可以参加成流反应,本身可溶解或化学组成发生改变。而对于电解过程,电极一般不参加化学或者电化学反应,仅将电能传递至发生电化学反应的电极/溶液界面。发展在电解过程中能长时间保持不溶性的电极一直是电化学工业中最具挑战的问题之一。不溶性电极除应具有高的化学稳定性外,对催化性能和机械强度等亦有要求。

1.2 电解质溶液

电解质溶液（简称电解液）是指溶质溶解于溶剂后完全或部分解离为离子的溶液。其中，溶质即为电解质，酸、碱、盐溶液均为电解质溶液。电解质溶液是电极间电子传递的媒介，它由电活性物质、溶剂和改善溶液导电性的电解质等组成，有时还加 pH 缓冲溶液。电解质解离出来的阳离子和阴离子，在外电场作用下定向地向对应的负电极和正电极移动并在其上放电而实现导电。具有导电性是电解质溶液的特性，影响导电性的主要因素有电离度、电导、离子迁移率、离子迁移数、离子活度和离子强度。

电解质溶液大致可以分成水溶液体系、有机溶剂体系和熔融盐体系三类。最常见的电解质溶液是水溶液，溶剂是水。电解质有硫酸、盐酸、高氯酸、氢氧化锂、氢氧化钠、氢氧化钾、氯化钠和氯化钾等。除熔盐电解质外，一般电解质只有溶解在一定溶剂中才具有导电能力，因此溶剂的选择也十分重要，介电常数很低的溶剂往往不适合作为电化学体系的介质。依据溶剂中质子在质子化过程中的活化分为质子活性溶剂和质子惰性溶剂两类。溶剂的质子化过程对电极反应过程，特别对阴极的还原过程影响很大。在质子活性溶剂中，质子化过程将使电极反应过程变得复杂。与此相反，在质子惰性溶剂中，电荷传递过程形成的自由基可以作为产物稳定存在着，还原自由基比还原未还原物质更困难。因此，在质子惰性溶剂中，电极反应过程比较简单，形成自由基的单电子反应居多。常见的质子活性溶剂有水、甲醇、浓硫酸、醋酸、氨水和乙二胺等。质子惰性溶剂有乙腈、二甲基甲酰胺、吡啶、二甲基亚砜、无水丙酮和碳酸丙烯酯等。

在选择电解质溶液时，可用于研究的电极电势范围和溶剂介电常数是经常要考虑的两个问题。电极电势范围既决定于电极材料，又与溶剂和电解质有关。对质子惰性溶剂配制的电解质溶液，可用于研究的电极电势范围比较宽。一般来说，要还原溶剂是很困难的，阴极还原电位上限主要决定于电解质抗还原能力，阳极氧化电位上限主要决定于溶剂抗氧化能力。溶剂介电常数是重要参量，介电常数愈大，盐在此介质中解离愈好，电解质溶液导电性也愈好。若用低介电常数的溶剂，就要更高的浓度才能获得合适的电导率溶液。表 1-3 列举的是电化学实验中常用溶剂的物理性质。

表 1-3　电化学实验中常用溶剂的物理性质

溶剂	沸点 /℃	凝固点 /℃	蒸气压 /Pa	密度 /(g/cm³)	介电常数	偶极矩/D	黏度 /mPa·s	电导率 /(S/cm)
H_2O	100	0	23.76	0.997	78.3	1.76	0.89	5.49×10^{-8}

溶剂	沸点/℃	凝固点/℃	蒸气压/Pa	密度/(g/cm³)	介电常数	偶极矩/D	黏度/mPa·s	电导率/(S/cm)
$MeCO_2H$	140	−73.1	5.1	1.069	20.3	2.82	0.78	5×10^{-9}
MeOH	64.70	−97.1	125.03	0.787	32.7	2.87	0.78	5×10^{-9}
THF	66	−108.5	197	0.889	7.58	1.75	0.64	—
PC	241.7	−49.2	—	1.2	64.9	4.9	2.53	5×10^{-8}
$MeNO_2$	101.2	−28.55	36.66	1.131	35.9	3.56	0.61	5×10^{-9}
MeCN	81.60	−45.7	92	0.776	36.0	4.1	0.34	5×10^{-10}
DMF	152.3	−61	3.7	0.944	37.0	3.9	0.79	5×10^{-8}
DMSO	189.0	−18.55	0.6	1.096	46.7	4.1	2.00	5×10^{-9}

注：$MeCO_2H$，无水乙酸；MeOH，甲醇；THF，四氢呋喃；PC，碳酸丙烯酯；$MeNO_2$，硝化甲烷；MeCN，乙腈；DMF，二甲基甲酰胺；DMSO，二甲基亚砜。

1.3 电解池

1.3.1 电解池的种类

在进行电化学测试前，电解池的设计是首先需要考虑的问题，它直接影响到测试结果的准确性。电解池主要包括电极和电解液以及连通的一个容器，如图 1-2 所示。电解池的设计种类繁多，关键是选择一款适合研究体系的电解池。电解池设计一般应注意以下几点：

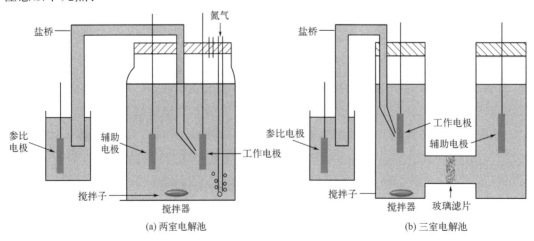

(a) 两室电解池　　　　(b) 三室电解池

图 1-2　电解池基本组成示意图

（1）电解池的材料

电解池的各个部件由不同性能的材料制成。材料的选择首先要考虑材料的稳定性，避免使用时材料分解产生杂质，干扰测试。玻璃是常用的电解池材料，它在大多数无机溶液或有机溶液中都很稳定，但是在氢氟酸溶液和浓碱液中不是很稳定，此时可以用耐酸碱的聚四氟乙烯材料。聚四氟乙烯具有极佳的化学稳定性，在王水和浓碱中均不发生变化，也不溶于有机溶剂，并且具有较宽的使用温度范围。其他常用的电解池材料有尼龙、聚丙烯等。

（2）电解池的体积

在电化学测量中，需要保证溶液本体浓度不随反应的进行而改变，这时就要采用小的工作电极面积与溶液体积之比。在某些电化学测试中，为了短时间内使溶液中反应物尽可能反应完毕，应使工作电极面积和溶液体积之比足够大。如果测试中电解液有限，那就只能尽量减小电解池的体积。因此，要根据具体情况确定溶液体积，选择合适大小和体积的电解池。

（3）电解池的通气装置

电化学测量常常需要使用惰性气体去除溶解在溶液中的氧气，而氢电极和氧电极的测量分别需通入氢气和氧气。这就要求电解池有进气通道和出气通道，进气管口通常设在电解池底部，并接有烧结玻璃板，使进入的气体变成小气泡，更易分散，出气管口接有水封装置，以防止空气进入。有时在实验过程中采用在溶液上方通气，既能防止气体干扰实验的进行，又起到保护气的作用。

（4）工作电极和辅助电极分腔放置

当工作电极上发生氧化或还原反应时，辅助电极上会发生对应的还原或氧化反应，分腔放置可以避免两个电极上的反应物和产物之间的相互影响。除了使用隔膜分腔放置外，工作电极体系和辅助电极体系之间也可用磨口活塞或者烧结玻璃隔开。同时，工作电极和辅助电极的放置应使整个工作电极上的电流分布均匀，特别是对于精细的电化学实验，两个电极最好是平行且正对着放置。当进行半导体电极光照实验时，应尽量使光正好照在半导体表面上。

（5）鲁金毛细管

为了精确控制工作电极上的电势，参比电极和工作电极之间的电阻要尽量小，这时可以用鲁金（Luggin）毛细管。鲁金毛细管由玻璃管或塑料管做成，其一端拉得很细，极化测量时将此端靠近工作电极，另一端与参比电极相通。在工作电极和参比电极的毛细管之间，由极化电流和这段溶液电阻引起的欧姆电势降会附加到测量或控制的电势中去，造成误差。因此鲁金毛细管的位置不同，测得的工作电极的电势会略有差别。毛细管口要尽量靠近工作电极，但也不能无限靠近，以防对工作电极表面的电力线分布造成屏蔽效应，一般情况下可将毛细管尖端外径拉到 $0.5\sim$ $2\,mm$，使其尖嘴离工作电极表面的距离不小于毛细管尖端外径，以保证电极电势的正确测量和控制。

（6）盐桥

当被测电极体系的溶液与参比电极的溶液不同时，常用盐桥把参比电极和工作电极连接起来，可使它们之间形成离子导电通路。盐桥不仅能减小甚至消除液接电位，而且可以防止或减少工作电极和参比电极溶液之间的相互污染。在水溶液中常用的是氯化钾电解质溶液盐桥，为了防止其他离子与氯离子反应，也可用硝酸钾。它们一般用琼脂固定配制成凝胶盐桥，既保持了离子导电能力，又起到了良好的隔离作用。

（7）隔膜

虽然盐桥能够接通工作电极室和参比电极室，但是盐桥易于混入其他离子，并且不适于长时间使用。当需要将工作电极室和参比电极室分开时，可以采用玻璃滤板隔膜和离子交换膜等，起传导电流作用的离子可以透过隔膜。电化学工业上使用的离子交换膜又分为阳离子交换膜和阴离子交换膜，可根据需要裁剪成合适的尺寸。

1.3.2　常用的电解池

按照电解池中的工作电极和辅助电极是否隔开，可将电解池分为单室电解池、双室电解池和三室电解池。单室电解池为圆瓶状，有两个对称的辅助电极，以利于电流的均匀分布，电解池配有带鲁金毛细管的盐桥，通过它与外部的参比电极相连通，单室电解池常用于电腐蚀的研究。在三室电解池中，工作电极、辅助电极和参比电极各自处于一个电极管中，工作电极和辅助电极间用多孔烧结玻璃板隔开，参比电极通过鲁金毛细管同研究体系相连，毛细管的管口靠近工作电极表面。三个电极管的位置可以做成以工作电极管为中心的直角，这样不仅能将电解池稳妥地放置，而且有利于电流的均匀分布以及电极电势的测量。

1.4 电化学测试中的两个回路

电化学测试是以电流和电极电势的测试为基础的，电化学测试体系由电解池和测试仪器构成。最常见的电解池体系为三电极电解池，其两个电路包括极化回路（也叫电流回路）和测量回路（也叫电压回路），其基本电路如图1-3所示。在图中极化电源为工作电极提供极化电流；电流表用以测量电流。

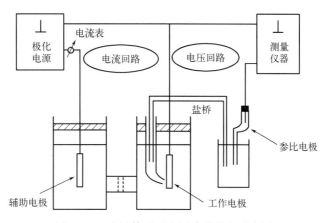

图 1-3 三电极体系两个回路的基本示意图

极化回路由工作电极和辅助电极构成，起传输电子形成回路的作用。回路中有极化电流通过，用于工作电极的极化，辅助电极的作用就是与工作电极组成一个极化回路，进行极化电流大小的控制和测量。

测量回路由工作电极和参比电极组成，用来测试工作电极的电化学反应过程以及测量或控制工作电极相对参比电极的电势。为了提高电极电势测量与控制的精度，需要考虑下面几个问题：①参比电极的电势必须稳定，不允许有电流通过参比电极，参比电极不会因电流过大而被极化；②采用盐桥消除由于参比电极与被研究体系内的溶液组成不一样而产生的液体接界电位；③工作电极和参比电极之间的溶液在极化过程中会形成欧姆电势降，采用鲁金毛细管来减小或消除溶液欧姆电势降对测量结果的影响。

1.4.1 电流的测量

测定稳态极化曲线时需要测量极化电流的大小。一般在极化回路中串联一个适当量程和精度的电流表,如微安表和毫安表等。电流表的正端应该接在电路中靠近电源正极的一端,负端接到靠近电源负极的一端。如果被测电流范围在 3 个数量级以上,则应选用多量程电流表。这种方法适用于稳态体系的间断测量,不适合快速、连续测量。

极化电流可用电压测量仪器进行测量或记录。在极化回路中串联一个精密电阻,测得该电阻上的电压降除以该电阻的阻值就是被测电流值。这种方法适用于极化电流的快速、连续、自动测量和控制。

对于有些极化曲线测定,电流可在几个数量级范围内变化,例如金属从活化转为钝化,电流可从数十毫安迅速降到几微安。在这种情况下采用对数转换电路,将电流转化成对数形式再进行测量,这种方法常用于测定半对数极化曲线。

1.4.2 电极电势的测量

在电极体系中,电极、溶液两相的剩余电荷集中在相界面的极小区间内,这样就在相界面上存在大的电场,电场强度可以高达 $10^7 \, V/cm$。而电化学反应中的界面过程,包括电化学氧化还原步骤就直接在这个电极/溶液界面上发生。因此,界面的电场强度对于发生在界面上的电荷传递过程,乃至对整个电化学反应的动力学性质都有很大的影响。为了研究电化学反应,这就需要了解界面电场电势差的大小,即电极、溶液两相间的电势差大小。由于单个电极的绝对电势无法测得,通常所说的电极电势是指该电极相对于标准氢电极的电势,标准氢电极的电势被定义为零。

要测量某电极的电势,就必须把该电极与电势已知的参比电极组成测量电池,然后用电势差计或其他电压测量仪器测量该电池的电动势,就可以算出被测电极的电势。测量电势时,将测量电池的正极和负极分别接到电压测量仪器的正极和负极,这样测得的电动势为正值。如果接反,则测得的电动势为负值。

在极化曲线测定中,常将参比电极的电势作为零,这时测得的电动势就等于工作电极相对于参比电极的电势,其符号取决于工作电极与参比电极的相对极性。在这时需要用文字或符号加以说明。例如相对于饱和甘汞电极的电势,用文字注明"相对于饱和甘汞电极"或用符号"vs. SCE"表示。

对测量和控制电极电势的仪器也有要求:①要求有足够高的输入阻抗;②要求有适当的精度、量程,一般要求能准确测量或控制到 1mV;③对暂态测量要求仪器有足够快的响应速度。具体测量时,对上述指标的要求并不相同,也各有侧重,需要具体问题具体分析。

思考与讨论

1. 简述三电极体系的基本组成以及各电极的作用。

2. 简述电解质溶液的作用，在选择电解质溶液时需要注意哪些事项？

3. 简述电化学测量体系使用盐桥和鲁金毛细管的原因及其作用。

4. 简述电化学三电极体系两个回路的构成及其作用。

5. 什么是电极电势？如何解决极化曲线测定中电流变化幅度大的问题？

6. 如何提高电势测量与控制的精度，减小甚至消除溶液欧姆电势降？

第2章

电化学测量技术

电极反应是一个复杂的过程，如果用外加电源使电极电势升高或降低一个数值，在电极表面上有多个过程的进行速度要发生改变。首先是双电层中的电场强度的变化，这就是双电层的充放电过程，该过程是非法拉第过程，不是进行电极反应的过程，这个过程的速度由相应的非法拉第电流密度反映。同时，带电荷的粒子穿越双电层，也就是穿越金属电极和溶液介质两相界面区，进行电极反应，该过程是法拉第过程，由相应的法拉第电流密度反映。因此，当电极电势变化时，实际的电流密度由这两种电流密度叠加而成。由于非法拉第过程进行得很快，而电子的转移往往比较慢，这两种过程发生的速度不同，可以通过一定的快速测量方法将两者区分开来。

法拉第过程的电流密度随电势的变化大小受很多因素的影响，往往与反应物或产物以及电极表面的吸附物质有关。当法拉第电流密度在一定的电势下达到稳定数值时，紧靠电极表面溶液层中与电极反应有关的物质浓度和电极表面状态变量也应该保持为稳定值，不随时间改变，这时进行的电化学测量称为稳态测量。而在法拉第过程尚未达到稳态之前的电化学测量则称为暂态测量。稳态测量的电化学参数与时间无关，而暂态测量的电化学参数与时间相关，因此可以用来研究电极界面结构。暂稳态是为了区分测试技术而引入的概念，是相对而言、辩证统一的，在一定时间内电极电势和电流相对稳定就是稳态。下面分别介绍稳态研究方法和暂态研究方法。

2.1　稳态研究方法

2.1.1　稳态

稳态系统是指电极电势、电流密度、电极界面状态和电极界面区的浓度分布等参数基本保持不变的系统。稳态不等同于平衡态，平衡态只是稳态的一个特例而已。稳态下电极反应仍然发生，有净电流通过，而平衡态则是没有净电流通过的。在稳态下，绝对不变的电极状态是不存在的，所以绝对的稳态是不存在的。稳态和暂态是相对而言的，所以只要实验条件在一定时间内的变化不超过一定值的状态就称为稳态，反之，可以按照暂态（见 2.2 节）处理。

2.1.2　恒电位法

恒电位法（potentiostatic methods）是采用恒电位仪控制电势，并外加手动或自动的电位扫描信号。根据电位变化可分为静电位法和动电位法两种，静电位法中电位的变化可以是逐点的，也可以是阶梯的，但都是达到稳定后再进入下一个电位，也即在一个电位下电流不随时间变化，而动电位法中电位的变化是连续的并以恒定的速度扫描。

2.1.3 恒电流法

恒电流法（galvanostatic method）即控制工作电极的外侧电流为不同的电流密度值，分别测定工作电极于各个外侧电流密度下的电位稳定值。它是在恒流条件下对被测电极进行充放电操作，记录其电位随时间的变化规律，进而研究电极的充放电性能，计算其实际的比容量。在恒流条件下的充放电实验过程中，控制电流的电化学响应信号。当施加电流的控制信号时，电位为测量的响应信号时，主要用来研究电位随时间的函数变化的规律。

2.1.4 稳态极化曲线

稳态极化曲线（steady-state-polarization curve）即恒电位法的一种，控制电位随时间的线性变化，且电位变化足够慢，使得电极表面处于稳态。稳态极化曲线是研究电极过程动力学中最基本也是最重要的方法之一。通过极化曲线可以判断电极反应的特征和控制步骤，测定电极反应的基本动力学参数。

2.2 暂态研究方法

2.2.1 暂态

假如改变电极过程的一些条件，电极过程的稳态将被打破，各个子过程或反应步骤的速率将会发生改变直至达到新的稳态为止，处于原来的稳态和新的稳态之间的过渡态则被称为暂态（transient state），暂态是相对于稳态而言的。在暂态过程中，电化学反应、传质、双电层充放电和离子的迁移等都处于暂态，相对应的物理量，如电极电势、电流密度、双电层电容、电化学反应的反应物和产物浓度分布等均可能随时间发生改变。因此，暂态比稳态的电极过程更为复杂，但由于增加了时间变量，可以体现出更多的动力学信息。

暂态过程的电流由法拉第电流和非法拉第电流构成。如果一个电极反应只发生非法拉第过程，则可以根据不同扫描速率下的电容计算电极的真实面积。如果一个电极反应有法拉第过程，那么高电流扫描速率下表面活性物质在电极表面吸（脱）附有时可表现为吸（脱）附电容峰，据此可以研究表面活性物质在电极表面的吸（脱）附行为。

2.2.2 暂态测量技术

根据施加电信号的不同，暂态测量技术可分为控制电流、控制电位和控制电量三种。在控制电流和控制电量的暂态测量技术中，测量的相应信号为电位；而在控制电位的暂态测量技术中，测量的相应信号为电流。因此，根据测量电信号的不同，暂态测量技术也可分为暂态电位测量和暂态电流测量两类。施加的电信号可以为阶跃扰动，如电流阶跃和电位阶跃等；也可以为持续扰动，如方波电流和电位扫描等。在阶跃扰动时，电极电势或流过电极的外侧电流被突然控制为一个预设的恒定值，并保持该值不变，因此电化学反应系统可能逐渐趋近于新的稳态。而在持续扰动时，由于电极电势或流过电极的外侧电流不断变化，体系可能一直无法达到稳态。根据被测体系的电化学行为不同，暂态测量技术又可分为电化学控制体系的测量、扩散控制体系的测量以及电化学和扩散混合控制体系的测量三种。

暂态测量数据的处理分为等效电路法和扩散方程两种方法。等效电路法即借助电工学中的模型来处理暂态测量数据，而暂态测量数据一般满足扩散方程，可以对其进行数学推导。

暂态测量技术的优点：①运用现代电子技术将测量时间缩短到几个微秒要比制造每分钟旋转几万转的机械装置简便很多；②稳态法不适合于研究那些反应产物能在电极表面上累积或电极表面在反应时不断受到破坏的电极过程，而暂态法就没有这些缺点。

2.2.3 控制电流法

控制电流暂态测量技术是指控制电极的电流信号，同时测量电极电势随时间的变化。控制电流暂态测量技术可分为直流和交流两类。直流控制电流暂态技术又可分为恒电流阶跃和阶梯电流阶跃。根据阶跃的电流电位效应可以求得溶液电阻、电荷转移电阻和双电层电容等参数。交流控制电流暂态技术可分为方波电流和正弦波电流等。值得注意的是，电极过程可以等效为电工学中的基本电路元件的组合，当它在角频率为 ω 的正弦电流（或正弦电压）激励下处于稳定状态时，端口的电压（或电流）将是同频率的正弦量，将端口的电压向量与电流向量的比值定义为端口的阻抗。

2.2.4　控制电位法

控制电位暂态测量技术是指控制电极的电位信号，同时测量电极电流的变化，可以是电流随时间的变化，也可以是电流随电位的变化，如极化曲线和循环伏安曲线等。与控制电流暂态测量技术相似，控制电位暂态测量技术根据电位信号不同也可分为直流和交流。直流包括恒电位阶跃、阶梯电位阶跃和线性电位扫描。交流包括方波电位、三角波电位和正弦波（即阻抗）电位等。

2.2.5　控制电量法

控制电量暂态测量技术是指给电极施加一定的电量，并在施加电量结束后测试电极电势随时间的变化。施加电量通常采用的方式是加一时间很短的电流脉冲，此时电极反应还来不及响应，可近似认为所有的电量都用于使电极表面双电层充电，脉冲结束后，双电层开始放电并引起法拉第电流。由于控制电量法影响因素较多，测试条件苛刻，因此不如控制电位或控制电流的暂态测量技术应用广泛。

2.3　循环伏安法

循环伏安法（cyclic voltammetry，CV）是通过控制电势在其上限和下限之间，以一定的扫描速率反复扫描，同时记录电流随电势的变化曲线，即循环伏安曲线。该方法的特点是一个氧化或还原过程往往对应一个电流峰，简单明了。运用循环伏安法可以在较宽电势范围内快速地了解所研究电化学反应的总体特征，根据曲线形状定性判断电极反应的可逆程度、相界吸附以及偶联化学反应等性质。根据峰电流、峰电势及其与扫描速率的依赖性，定量评价反应活性和反应动力学参数，鉴别复杂的电极反应过程，推断反应机理。因此，循环伏安法功能多样，应用非常广泛。

在工作电极上的电势从原始电势 E_0 开始，以一定的速度 v 扫描到一定的电势 E_1 后，再将扫描方向反向进行扫描到原始电势 E_0（或再进一步扫描到另一电势值 E_2），然后在 E_0 和 E_1 或 E_2 和 E_1 之间进行循环扫描。其施加电势和时间的关系为：

$$E = E_0 - vt \tag{2-1}$$

式中，v 为扫描速度；t 为扫描时间。电势和时间关系曲线如图 2-1(a) 所示。循环伏安法实验绘制的电流和电势关系曲线如图 2-1（b）所示。

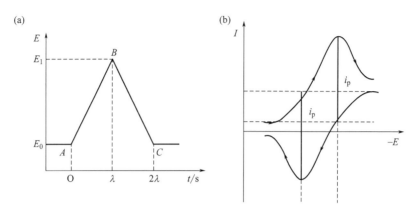

图 2-1　循环伏安法实验的电势-时间曲线（a）和电势-电流曲线（b）

从图 2-1(b) 可看出，在负扫方向出现一个阴极还原峰，对应于电极表面氧化态物种的还原，在正扫方向出现了一个氧化峰，对应于还原态物种的氧化。值得注意的是，由于氧化还原过程中双电层的存在，峰电流不是从零电流线测量，而是应扣除背景电流。

循环伏安法测试的性能主要由上限电势、下限电势和电势扫描速率三个基本参数决定。上限电势和下限电势需根据溶剂的电化学窗口和电极材料的稳定性来确定。如果循环伏安曲线出现多个氧化还原峰，也可以根据峰电势或者起始电势来选择。电势扫描速率要根据反应类型和测试方法来确定。对于液相反应，扫描速率通常可以在 50mV/s 以上，但在稳态测量过程中，扫描速率不宜超过 20mV/s。对于锂离子电池材料测试，由于涉及非常缓慢的固相传质过程，扫描速率通常不超过 0.1mV/s。

通过电极可逆性来判断循环伏安法中电压的扫描过程包括阴极与阳极两个方向，从循环伏安曲线的氧化波和还原波的峰高和对称性，可判断电活性物质在电极表面反应的可逆程度。若反应是可逆的，则曲线上下对称，若反应不可逆，则曲线上下不对称。循环伏安法还可用于研究工作电极的吸附现象、电化学反应产物、电化学-化学偶联反应等。循环伏安法是一种很有用的电化学研究方法，不仅可用于电极反应的性质、机理和电极过程动力学参数的研究，而且可用于定量确定反应物浓度、电极表面吸附物的覆盖度、电极活性面积、电极反应速率常数、交换电流密度和反应的传递系数等动力学参数。

2.4　线性扫描伏安法

线性扫描伏安法（linear sweep voltammetry，LSV）是一种常用的电化学实验技术，属于电位控制的暂态测量方法。将线性电位扫描施加于电解池的工作电极和辅助电极之间，工作电极是可极化的微电极，如滴汞电极、静汞电极或其他固体电极，而辅助电极和参比电极则具有相对大的表面积，是不可极化的。线性扫描伏安法与循环伏安法相比，测量过程的主要区别在于其仅需从初始电位向最终电位进行单向扫描，而循环伏安法则扫描至最终电位之后，再以相同的速率回扫至起始电位，甚至多次反复扫描。

线性扫描伏安法是在电极上施加一个线性变化的电压，即电极电势随外加电压线性变化并记录工作电极上电流的方法。电极电势的变化率称为扫描速率，是一个常数。常用的电位扫描速率介于 0.001～0.1V/s。电势扫描范围可分为大幅度和小幅度两类。大幅度扫描电势范围较宽，常用来观察整个电势范围内可能发生哪些反应，也可用来判断电极过程的可逆性，测定电极反应参数等。小幅度扫描范围通常在 5～10mV 内，主要用来测定反应电阻和双电层电容。

对于可逆电极过程，当施加在电极表面的电位达到活性物质的分解电压时，电极反应即可进行，其表面浓度与电位的关系符合能斯特方程。随着线性扫描电压的进行，电极电流急剧上升，电极表面反应物的浓度迅速下降，而产物浓度上升。由于受到物质扩散速度的影响，电极内部反应物不能及时扩散迁移到电极表面进行补充，产物不能及时完全离开电极表面，因而造成电极反应物质的匮乏和产物的堆积，电极电流迅速下降，形成峰形伏安曲线。若线性扫描电压继续进行，水溶液中会发生电解水而形成析氢或析氧峰。对于可逆电极反应，伏安曲线上的峰电位与电解液本体溶液的组成和浓度有关，与扫描速率无关。

线性扫描伏安法可用于判断电极过程的可逆性，当采用该方法对电化学体系进行测试时，若峰值电势 E_p 不随扫描速率的变化而发生变化，则电极过程是可逆的。若峰值电势 E_p 随扫描速率的增大而变化，主要是向扫描方向移动，则电极过程是不可逆的。简要示意图如图 2-2 所示。

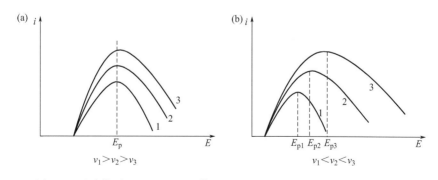

图 2-2　可逆体系（a）和不可逆体系（b）在不同扫描速率下的 LSV 曲线

根据电流-电位曲线测得的峰电流与被测物的浓度成线性关系，可作定量分析，适合于有吸附性物质的测定。一般情况下，线性扫描伏安法的最佳浓度测量范围为 10^{-4}～10^{-2}mol/L。电极反应的峰电流与电极电势扫描速率的 1/2 次方成正比，提高扫描速率可以增加测定的灵敏度。但对于不可逆电极过程，由于电极反应速率慢，在快速扫描时电极反应的速率跟不上极化速率，伏安曲线将不出现电流峰，因而对于电极反应速率较慢的物质，应选用较慢的电位扫描速率。

2.5　旋转电极法

电化学反应包含界面传荷反应和传质两个串联过程，速率受最慢的一步限制。在稳态测试过程中，使用毫米级常规尺寸的电极往往受到传质限制，无法测定较快电化学反应的动力学参数，特别是对于溶解度较小的气体参与的反应，受饱和溶解度限制，难以增加反应物浓度，所测电流往往是受传质控制的，无法获得本征反应动力学参数。通常平面电极上的电流是不均匀的，而且水溶液中的传质速度也比较小。为了

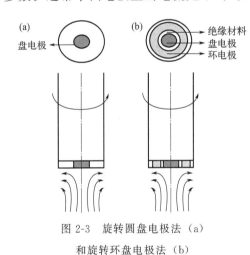

图 2-3　旋转圆盘电极法（a）
和旋转环盘电极法（b）

研究电极表面电流密度的分布情况，减少或消除扩散层等因素的影响，以强化传质，逐渐发展了系列高速旋转的电极。由于这些电极的端面像一个盘或环，所以也叫旋转圆盘电极（rotating disk electrode，RDE）和旋转环盘电极（rotating ring-disk electrode，RRDE）（图 2-3）。该类电极克服了静止电极和经典的振动线电极存在的某些缺点，使电化学发展达到一个新的水平。目前，旋转电极已经成为一种很常用的稳态测量技术，在质子交换膜燃料电池的阴极氧还原反应（oxygen reduction reaction，ORR）和阳极氢氧化反应（hydrogen oxidation reaction，HOR）研究中，获得了广泛应用。

旋转圆盘电极是一种常用的稳态测量技术，通常是将金属或者玻碳电极嵌在聚四氟乙烯或者聚醚醚酮绝缘外套的中心而制得。当电极旋转时，由于离心力作用，电极表面的溶液会被甩出，体相溶液则沿电极垂直方向运动去补充，从而形成强制对流，提高了传质速率。实际使用的电极为圆盘的底部表面，整个电极围绕通过其中心并垂直于盘面的轴转动，电极下方的液体在圆盘的中心处上升［图 2-3（a）］。当旋转圆盘电极围绕着垂直于圆盘中心的轴迅速旋转时，与圆盘中心相接触的溶液被旋转离心力甩向圆盘边缘，圆盘中心相当于搅拌起点，在距圆盘中心越来越远的电极表面上，圆

盘旋转而引起的相对切向液流速度也同比例地增大，这就意味着在整个圆盘电极表面各点上扩散层厚度均相同，因此扩散层电流密度也是均匀的，这样就克服了平面电极表面电流受对流作用影响不均匀给电化学研究带来不便的缺点。

目前在电化学研究工作中，还广泛使用一种带环的旋转圆盘电极，称为旋转环盘电极，如图 2-3（b）所示。这种电极由设在中间的圆盘电极和分布在圆盘周围的圆环电极所组成，两电极之间相隔一定的距离，并彼此绝缘，两个电极分别有导线与外电源相接，利用圆环-圆盘电极可以研究或发现电极过程中产生的不稳定中间产物。例如，可以控制圆环电极电势为某一定值，即与圆盘电极电势相差一个恒定值，以使圆盘电极上的中间产物到达圆环电极，能进一步发生氧化或还原反应，并达到极限电流密度，这样可以根据所绘制的极化曲线的形状和具体数据，来研究中间产物的组成及其电极过程动力学规律。

利用旋转圆环-圆盘电极可以检测出电极反应产物特别是中间产物的存在形式与生成量，以及圆环电极上捕集到的盘电极反应产物的稳定性等，利用这些测量可以探测一些复杂电极反应的机理，获取更多的电极过程信息，成为现代电化学测量中常用的测试手段。电镀添加剂作用机理的探讨或添加剂性能的比较，都可以用到这种电极来进行测试。

在电化学技术中，若电极相对于电解质溶液保持静止不动，称为静止电极技术；若电极和电解质溶液相对运动，称为流体动力学技术。旋转圆盘电极和旋转环盘电极是常用的两种流体动力学技术。圆盘电极只有一个圆盘，环盘电极则在圆盘外围设置一个圆环，盘与环之间只有很小的间隙，圆盘或环盘围绕中心轴旋转，转速由一个旋转系统调节和测量。

旋转圆盘电极与静止电极相比有以下优点：浓差极化稳定，极化曲线稳定性好，可以测量比较迅速的电化学反应。所以测量旋转圆盘电极的极化曲线，尤其在测定扩散系数、反应得失电子数、反应物浓度、电镀添加剂的整平作用和电极反应动力学参数等方面有广泛的应用。在旋转圆盘电极稳态测量技术中，测量圆盘电极极化曲线的同时，控制圆盘电极在某一固定的电势，用以检测圆盘电极上产生的反应中间产物，是检测反应中间产物和研究电极反应机理的重要方法之一。

2.6　电化学阻抗法

电化学阻抗谱（electrochemical impedance spectroscopy，EIS）是一种准稳态的方

法，可以提供稳态和暂态的信息，作为一种表征分析技术被较早地在电化学领域中应用，并伴随着应用推广而得到进一步的发展。电化学阻抗谱不仅是一种对研究系统施加微小扰动信号的电化学测量方法，也是一种频率域的测量方法，可以利用宽频率范围内的响应来研究电极系统，以得到更多的动力学信息和电极界面结构信息。通过给电化学系统施加一个频率不同的小振幅交流电势波，测量交流电势与电流信号的比值随正弦波频率的变化，或者是阻抗的相位角随正弦波频率的变化，这种方法称为电化学阻抗谱。电化学阻抗谱通过测量阻抗随正弦波频率的变化来分析电极过程动力学、双电层和扩散等，研究电极材料、固体电解质、导电高分子和腐蚀防护等机理。

电化学系统可以看作是一个等效电路，这个等效电路是由电阻、电容和电感等基本元件按串并联等不同方式组合而成的。对于简单的电化学反应，在某一个稳定的极化电压下进行电化学阻抗测试，如果在测量的频率范围内，浓差极化可以忽略，亦即由扩散过程引起的阻抗可以忽略，电极处于传荷过程控制，其等效电路图如图 2-4 所示。R_s 表示整个电路中的欧姆电阻，包括导线、电极和电解质的电阻；C_{dl} 表示双电层的电容；R_{ct} 表示双电层电荷转移的阻抗。通过电化学阻抗谱可以测定等效电路的构成以及各元件参数的大小，利用这些元件的电化学含义，来分析电化学系统的结构和电极过程的性质等。

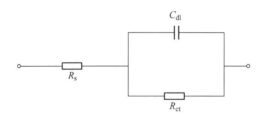

图 2-4　简单电极反应传荷过程控制的电极等效电路图

若把一个内部结构未知的体系看作一个黑箱，从一端输入扰动信号，在另一端得到一个响应信号。如果黑箱的内部结构是线性的稳定结构，输出的响应信号就是扰动信号的线性函数。通过研究扰动与响应信号之间的线性函数，就可以反过来得到这个系统的物理性质、内部结构等有用信息。

如果扰动信号是一个小幅度的正弦波电信号，那么响应信号通常也是一个同频率的正弦波电信号。为了保证响应信号和扰动信号之间的同频率关系，必须满足响应信号只是扰动信号的响应，确保系统不受到扰动信号之外其他噪声信号的干扰，响应信号是扰动信号的唯一因果关系。系统输出的响应信号和输入的扰动信号存在线性函数关系。在因果关系的前提下，输出信号和扰动信号两者具有相同的角频率正弦波信号。如果不满足线性条件，响应信号中将包含其他频率的谐波信号。需要保证对系统的微小扰动不会引起系统内部结构发生变化，当扰动停止时，系统能够恢复到原始状态，即系统需要保持稳定。若在测量时系统不稳定，内部结构发生变化，则对系统结构的测量就没有意义。然而通常情况下，电化学系统的电势和电流之间是不符合线性关系的。若使用小幅度的正弦波电信号对体系进行扰动，作为扰动信号和响应信号的电势和电流之间可以近似为线性关系，从而满足线性条件要求。在测量过程中，扰动信号围绕某一稳态直流极化电势对称地进行，不会导致电极体系偏离原有的稳定状态，从而满足了稳定性条件。

在电化学阻抗谱中，由于电势和电流间存在着线性关系，测量过程中电极处于准稳态，使得测量结果的数学处理简化。电化学阻抗谱是一种频率域测量方法，可测定的频率范围很宽，因而可以比常规电化学方法得到更多的动力学信息和电极界面结构信息，应用广泛。首先，利用电化学阻抗谱，通过测量阻抗随正弦波频率的变化，进而可以在金属材料腐蚀与防护时，得到材料的极化电阻和界面电容等参数，从而可以分析金属的腐蚀行为和腐蚀机理。其次，电化学阻抗谱也可以应用于导电高分子的研究中，分析导电高分子的传导、掺杂以及电荷储存的机制等。最后，电化学阻抗谱在化学能源中应用广泛，可用于研究电池电极材料、电容器与固体电解质中的反应过程动力学、双电层和扩散机制等化学反应机理和参数优化。

思考与讨论

1. 什么是稳态系统和暂态系统？简述稳态极化曲线的应用。

2. 暂态测量技术的优点有哪些？处理暂态测量数据的方法有哪些？

3. 使用循环伏安法研究不同的电极过程时，如何确定合适的扫描速率？电位扫描的范围对测定结果有何影响？

4. 循环伏安曲线中峰值电流的影响因素是什么？线性扫描伏安法和循环伏安法有什么不同之处？

5. 简述在电化学研究工作中使用旋转电极法的原因。

6. 在电极界面附近的液层中，存在着哪三种传质方式？起到什么作用？

7. 简述电化学阻抗法测定双电层电容器的方法和特点。

第3章

电催化

实验 1　电解水实验

一、 H 槽酸性电解水实验

1. 实验目的

（1）掌握 H 槽酸性电解水以及析氢反应和析氧反应的基本原理。
（2）了解电解水相关的电化学测试，并掌握如何评价催化剂的性能。

2. 实验原理

水作为地球上取之不尽的资源，将其电解可制备得到氧气和氢气。氢气作为一种无毒的储能小分子，燃烧后的产物为水，且完全燃烧放出的热量约为同质量甲烷的两倍多。因此，氢气被认为是理想的清洁、高能燃料，且已应用于化学电源、航天等领域。此外，氢气作为还原剂，还是工业上许多还原反应（如费-托合成，硝基苯还原等）的重要原料之一。在国家"碳达峰、碳中和"战略背景下，发展高效的电解水制氧制氢新技术具有重要意义。因此，有必要掌握电解水的基本原理和实验技能。

电解水是水在直流电源的条件下产生氢气和氧气的过程。H 槽电催化分解水反应主要由两个半反应组成：阳极发生氧化反应析出氧气，称为析氧反应（oxygen evolution reaction，OER）；阴极发生还原反应析出氢气，称为析氢反应（hydrogen evolution reaction，HER）。在酸性介质下，反应方程式如下：

$$总反应：2H_2O \longrightarrow 2H_2 + O_2$$

$$阴极反应：2H^+ + 2e^- \longrightarrow H_2$$

$$阳极反应：2H_2O \longrightarrow 4H^+ + O_2 + 4e^- \tag{3-1}$$

OER 是一个复杂而缓慢的四电子反应过程，主要包括四个质子/电子耦合，氢-氧键的断裂以及氧-氧键的结合，过程涉及三种表面吸附的中间体。在酸性电解液中，水被氧化成氧和氢离子，反应机理如下所示：

$$H_2O + M \longrightarrow M\text{-}OH_{ads} + H^+ + e^-$$

$$M\text{-}OH_{ads} \longrightarrow M\text{-}O_{ads} + H^+ + e^-$$

$$M\text{-}O_{ads} + H_2O \longrightarrow M\text{-}OOH_{ads} + H^+ + e^-$$

$$M\text{-}OOH_{ads} \longrightarrow M + O_2 + H^+ + e^-$$

式中，M 为催化剂表面的活性位点；ads 为催化剂表面上的吸附物。

HER 是在电极表面发生的两电子转移反应过程。首先发生 Volmer 反应，催化剂表面质子与电子耦合产生一个吸附氢原子。随后，H_2 通过化学脱附或电化学解吸两种不同的脱附反应得到。化学脱附是两个活性位点上的 H_{ads} 结合产生氢气，而电化学解吸则是催化活性位点上的 H_{ads} 与另一个 H^+ 和电子结合形成氢气。反应机理如下所示：

$$M + H^+ + e^- \longrightarrow M\text{-}H_{ads} \quad （Volmer 反应，氢吸附）$$

$$M\text{-}H_{ads} + M\text{-}H_{ads} \longrightarrow 2M + H_2 \quad （Tafel 反应，化学脱附）$$

$$M\text{-}H_{ads} + H^+ + e^- \longrightarrow M + H_2 \quad （Heyrovsky 反应，电化学解吸）$$

式中，M 为催化剂表面的活性位点；ads 为催化剂表面上的吸附物。

电解水的电化学表征方法主要有循环伏安法、线性扫描伏安法和稳定性测试。循环伏安法（CV）通过在一定电压范围内循环扫描，使电极交替发生氧化还原反应，从而分析催化剂的电化学可逆性，也可通过在非法拉第电压区间内测试，得到充放电状态下的电流密度差，进而用来分析催化剂的电化学活性面积，此外，通过 CV 还可以对催化剂进行活化。线性扫描伏安法（LSV）是评价电催化剂催化活性最直观的表征手段。稳定性与催化活性同等重要，是评价催化材料性能的重要指标之一，稳定性测试主要使用计时电流法（chronoamperometry）或者计时电位法（chronopotentiometry）。本实验采用计时电流法（$i\text{-}t$ 曲线）测试。$i\text{-}t$ 曲线是在给定电位下监测电化学反应的电流随时间的变化，电流随时间的变化值越小，表明电化学反应越稳定。

本实验以 Pt/C 催化剂负载的碳纸作为阴极，以 Ir/C 催化剂负载的碳纸作为阳极，组装电化学装置后进行 CV、LSV 和稳定性测试。

3. 主要仪器和试剂

（1）实验仪器

电化学工作站 1 台，磁力搅拌器 1 台，超声波清洗机 1 台，烘箱 1 台，电子天平 1 台，烧杯，量筒，电极夹等。

（2）实验试剂

20%（质量分数）Pt/C，20%（质量分数）Ir/C，5%（质量分数）Nafion 溶液，碳纸，异丙醇（A.R.），去离子水，盐酸，无水乙醇，98%（质量分数）浓硫酸，氮气（高纯）等。

4. 实验步骤

（1）H 槽酸性电解水实验流程如图 3-1 所示。

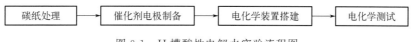

图 3-1　H 槽酸性电解水实验流程图

（2）工作电极的制备

将碳纸（CP）依次经 1∶1 的盐酸溶液、无水乙醇和去离子水超声处理 30min 以除去表面杂质，放入烘箱中干燥备用。分别取 2mg Pt/C 作为 HER 催化剂和 Ir/C 作为 OER 催化剂，并配制含 0.2% Nafion 的异丙醇催化剂分散液。将催化剂与 250μL 的分散液混合，超声分散得到均匀的催化剂分散液，随后缓慢滴在处理后的碳纸上并室温干燥，对应的样品分别标为 Pt/C@CP 电极和 Ir/C@CP 电极。

（3）电解水装置的组装

以 Pt/C@CP 电极为阴极产生 H_2，Ir/C@CP 电极为阳极产生 O_2，在 100mL 0.5mol/L H_2SO_4 电解液中进行电解水测试。将电解水装置的阳极和阴极分别与电化学工作站的正极与负极连接。

（4）电化学测试

CV 测试：在 1～2V 电压范围内进行循环扫描，扫描速率为 50mV/s，扫描圈数为 20，对催化剂进行活化。

LSV 测试：通过 LSV 研究电解水反应的活性，其电压范围设为 1～2V，扫描速率设为 10mV/s，扫描三次。

稳定性测试：使用计时电流法，在 LSV 曲线上找到 10mA/cm² 对应的电位，输入对应电压以及对应时间，观察电流密度随时间的变化关系。

5. 实验结果处理

（1）分别将 CV 和 LSV 数据导入 Origin 等绘图软件，以电极电势为横坐标，电流密度为纵坐标，绘制对应的 CV 和 LSV 曲线。

（2）将稳定性测试获得的电流和时间数据导入 Origin 等绘图软件，以时间为横坐标，电流密度为纵坐标，绘制 i-t 曲线。

6. 思考与讨论

（1）电解液温度和电解液浓度对酸性电解水实验会产生怎样的影响？

（2）如果制备催化剂时只使用异丙醇，不加 Nafion 会对催化剂和测量结果有什么影响？

（3）LSV 曲线的起始电位和极限电流有什么含义？

二、 H 槽碱性电解水实验

1. 实验目的

（1）掌握 H 槽碱性电解水的基本原理，并理解与酸性电解水的区别。

（2）掌握碱性电解水测试方法和数据处理方法。

2. 实验原理

电解水反应由阴极表面发生的析氢反应（HER）和阳极表面发生的析氧反应（OER）两个半反应组成。在碱性条件下，两个半反应的电解方程式如下：

$$阳极反应：4OH^- \longrightarrow 2H_2O+O_2+4e^-$$

$$阴极反应：2H_2O+2e^- \longrightarrow H_2+2OH^-$$

$$总反应式：2H_2O \longrightarrow 2H_2+O_2 \tag{3-2}$$

对于 OER 半反应，由于电解液的不同，OER 也表现出不同的反应机理。在碱性电解液中，氢氧根离子被氧化成氧和水，反应机理如下所示：

$$M+OH^- \longrightarrow M\text{-}OH_{ads}+e^-$$

$$M\text{-}OH_{ads}+OH^- \longrightarrow M\text{-}O_{ads}+H_2O+e^-$$

$$M\text{-}O_{ads}+OH^- \longrightarrow M\text{-}OOH_{ads}+e^-$$

$$M\text{-}OOH_{ads}+OH^- \longrightarrow M+O_2+H_2O+e^-$$

式中，M 为催化剂表面的活性位点；ads 为催化剂表面上的吸附物。

对于 HER 半反应，在碱性电解液中，水被还原成氢气和氢氧根离子。反应机理如下所示：

$$M+H_2O+e^- \longrightarrow M\text{-}H_{ads}+OH^- \quad （Volmer 反应，氢吸附）$$

$$M\text{-}H_{ads}+H_2O+e^- \longrightarrow M+H_2+OH^- \quad （Tafel 反应，化学脱附）$$

$$2M\text{-}H_{ads} \longrightarrow 2M+H_2 \quad （Heyrovsky 反应，电化学解吸）$$

OER 和 HER 催化剂的设计和合成是提高水电解制氢能效的关键。对于单独的 OER 或 HER 电解水半反应性能的研究，是以制备好的催化剂电极作为工作电极，碳棒/Pt 丝作为对电极，AgCl｜Ag、HgO｜Hg 或饱和甘汞电极作为参比电极，以 1mol/L 氢氧化钾为电解液，组装成三电极测试系统。对于电解水性能的研究，是以 OER 催化剂制备的电极作为阳极，HER 催化剂制备的电极作为阴极，以 1mol/L 氢氧化钾为电解液，组装成两电极测试体系。

本实验以 Pt/C 催化剂负载的泡沫镍作为阴极，以 Ir/C 催化剂负载的泡沫镍作为阳极，组装电化学装置后进行循环伏安法（CV）测试、线性扫描伏安法（LSV）测试和稳定性测试。

3. 主要仪器和试剂

（1）实验仪器

电化学工作站 1 台，电子天平 1 台，磁力搅拌器 1 台，烘箱 1 台，烧杯若干，量筒若干，超声波清洗机 1 台，电极夹等。

（2）实验试剂

泡沫镍，20%（质量分数）Pt/C，20%（质量分数）Ir/C，异丙醇（A.R.），去离子水，氢氧化钾（A.R.），20%（质量分数）Nafion 溶液，氮气，乙醇等。

4. 实验步骤

（1）H 槽碱性电解水实验流程如图 3-2 所示。

图 3-2 H 槽碱性电解水实验流程图

（2）工作电极的制备

将泡沫镍（NF）裁成 1cm×1.5cm 的小片，在水和乙醇中各超声 15min，放入烘箱中干燥备用。分别取 2mg 20%（质量分数）Pt/C 和 20%（质量分数）Ir/C 催化剂，并配制 0.2% Nafion 的异丙醇催化剂分散液。将催化剂与 250μL 的分散液混合，超声分散均匀得到催化剂分散液，随后滴在处理后的泡沫镍上并室温干燥，对应的样品分别标为 Pt/C@NF 和 Ir/C@NF 电极。

（3）电解水装置的组装

以 Pt/C@NF 电极为阴极以产生 H₂，Ir/C@NF 电极为阳极以产生 O₂，在 100mL 1mol/L 氢氧化钾电解液中进行电解水测试。将上述两电极分别与电化学工作站的负极与正极连接，组成电解水装置。

（4）电化学测试

CV 测试：在 1~2V 电压范围内进行循环扫描，扫描速率设为 50mV/s，扫描圈数设为 20，对催化剂进行活化。

LSV 测试：通过 LSV 研究电解水反应的活性，其电压范围设为 1~2V，扫描速率设为 10mV/s，扫描三次。

稳定性测试：使用计时电流法，在 LSV 曲线上找到 10mA/cm² 对应的电位。输入对应电压以及对应时间，观察电流密度随时间的变化关系。

5. 实验结果处理

（1）分别将 CV 和 LSV 数据导入 Origin 等绘图软件，以电极电势为横坐标，电流密度为纵坐标，绘制对应的 CV 和 LSV 曲线。

（2）将稳定性测试获得的电流和时间数据导入 Origin 等绘图软件，以时间（t）为横坐标，电流密度（i）为纵坐标，绘制 i-t 曲线。

6. 思考与讨论

（1）对于催化剂的载体，为什么酸性条件下使用碳纸，而碱性条件下使用泡沫镍？

（2）如果不进行 CV 扫描，直接进行 LSV 测试会对测量结果有什么影响？

三、碱性阴离子交换膜电解槽水电解实验

1. 实验目的

（1）了解 H 槽与阴离子交换膜电解槽的区别以及电解槽的电解原理。

（2）掌握电解槽装配以及各器件的作用。

2. 实验原理

水电解制氢是一种传统的工业制氢的方法，工艺过程简单且对环境不会产生污染。碱性水电解技术相对于其他的电解水制氢技术发展得较为成熟，是因为工业化成本较低且已经商业化几十年了，但由于其高能耗和慢响应时间其电解效率较低。目前，碱性水电解的发展趋势是在有限增加制造成本的同时，大幅降低单位能耗，提高电解槽电解效率，主要通过发展新的电极材料、隔膜材料和电解槽结构——零间距结构来实现。其中碱性聚合物电解质膜以阴离子交换膜为基础，并使用非贵金属催化剂作为隔膜材料应运而生。

阴离子交换膜水电解器主要由阴离子交换膜、催化剂和膜电极等组成，最为关键的结构为膜电极，是气体扩散层和催化层分别在膜两侧形成的"三明治"结构。阴离子交换膜是一类含有碱性活性基团，对阴离子具有选择透过性的高分子聚合物膜。在阴离子交换膜水电解器工作过程中，阴离子交换膜可以选择性地传输 OH^-，隔离氢气和氧气。气体扩散层的作用是将气/液两相从双极板流场传输到催化剂层，同时作为集流体传导和收集电子。

当直流电作用于氢氧化钾水溶液时，在阴极和阳极上分别发生放电反应。对于阴极反应，电解液中水电离后产生的 H^+ 移向阴极，接受电子析出氢气，其放电反应为：

$$4e^- + 4H_2O \longrightarrow 2H_2 \uparrow + 4OH^-$$

对于阳极反应，电解液中的 OH^-，穿过阴离子交换膜，移向阳极，失去电子生成水和氧气，其放电反应为：

$$4OH^- \longrightarrow 2H_2O + O_2 \uparrow + 4e^-$$

阴阳极合起来的总反应式为：

$$2H_2O \longrightarrow O_2 \uparrow + 2H_2 \uparrow$$

从上述反应可看出，以氢氧化钾为电解质水溶液的电解，实际上是水被电解产生氢气和氧气，氢氧化钾只起到运载电荷的作用。当水中溶有氢氧化钾时，在电离的 K^+ 周围围绕着水分子并形成水合钾离子。因 K^+ 的作用使水分子有了极性方向，在直

流电作用下，K$^+$带着有极性方向的水分子一起迁向阴极，水分子就会首先得到电子而生成氢气。

电化学测试方法主要用循环伏安法、线性扫描伏安法来评估电催化剂的活性。本实验以负载在泡沫镍上的 Pt/C 为阴极催化剂，负载在泡沫镍上的 Ir/C 为阳极催化剂，泡沫镍为气体扩散层，使用 Versogen 阴离子交换膜组装成阴离子交换膜电解槽进行电解水实验，通过循环伏安法（CV）测试和线性扫描伏安法（LSV）测试表征其活性。

3. 主要仪器和试剂

（1）实验仪器

电化学工作站 1 台，电解槽 1 台，压力泵 1 台，加热带，电子天平 1 台，磁力搅拌器 1 台，超声波清洗机 1 台，烘箱 1 台，烧杯若干个，量筒若干个。

（2）实验试剂

泡沫镍，20％（质量分数）Pt/C，20％（质量分数）Ir/C，异丙醇（A.R.），乙醇，去离子水，氢氧化钾（A.R.），5％（质量分数）Nafion 溶液，Versogen 阴离子交换膜等。

4. 实验步骤

（1）碱性阴离子交换膜电解槽水电解实验流程如图 3-3 所示。

图 3-3　碱性阴离子交换膜电解槽水电解实验流程图

（2）工作电极的制备

将泡沫镍（NF）裁成 1.5cm×1.5cm 的小片，在水和乙醇中各超声 15min，60℃干燥 12h 后备用。分别取 4mg Pt/C 和 Ir/C 催化剂同 250μL 含 0.2％（质量分数）Nafion 的异丙醇溶液混合，超声分散均匀得到催化剂分散液，随后缓慢滴在处理后的泡沫镍上，放入烘箱中干燥备用。对应的样品分别标为 Pt/C@NF 电极和 Ir/C@NF 电极。

（3）电解槽的组装

电解槽的组装如图 3-4 所示，从左到右分别为不锈钢流板、聚四氟乙烯垫片、气体扩散层（泡沫镍）、Pt/C@NF 阴极催化剂、Versogen 阴离子交换膜、Ir/C@NF 阳极催化剂、气体扩散层（泡沫镍）、聚四氟乙烯垫片和不锈钢流板。其中，气体扩散层和催化剂层在垫片孔洞内，不锈钢流板将整个电解槽紧密固定。阴离子交换膜需提前在电解液中浸泡处理 24h，实验结束后可保存在去离子水中。在 50℃恒温条件下，1mol/L 氢氧化钾电解液分别流经阴极和阳极，由蠕动泵控制流速为 120mL/min。将电化学工作站的工作电极与电解水装置阳极连接，对电极与电解水装置阴极连接。

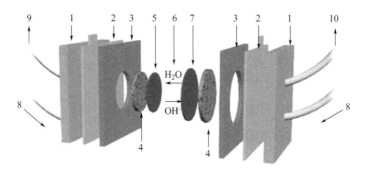

图 3-4 碱性电解槽电解水装置示意图

1—不锈钢流板；2—导电铜箔；3—垫片；4—气体扩散层（泡沫镍）；5—阴极催化剂；6—阴离子交换膜；

7—阳极催化剂；8—电解质；9—电解质与氢气；10—电解质与氧气

（4）电化学测试

CV 测试：在 1～2.5V 电压范围内进行循环扫描，扫描速率设为 50mV/s，扫描圈数设为 20，对催化剂进行活化。

LSV 测试：通过 LSV 研究电解水反应的活性，其电压范围设为 1～2V，扫描速率设为 10mV/s，扫描三次。

5. 实验结果处理

（1）将 CV 数据导入 Origin 等绘图软件，以电极电势为横坐标，电流密度为纵坐标，绘制 CV 曲线。

（2）将 LSV 数据导入 Origin 等绘图软件，以电极电势为横坐标，电流密度为纵坐标，绘制 LSV 曲线。

6. 思考与讨论

（1）简述氢氧化钾电解质水溶液电解的产物和原理。

（2）温度和电解液流速对碱性电解槽水电解性能有何影响？

实验 2 氧化亚铜催化剂用于电催化二氧化碳还原实验

1. 实验目的

(1) 掌握氧化亚铜纳米催化剂的合成方法。

(2) 了解电催化二氧化碳还原的原理和测试方法。

2. 实验原理

二氧化碳分子（CO_2）是由一个碳原子和两个氧原子组成的温室气体分子。根据价键理论，碳为正四价，氧为负二价，一个二氧化碳分子里包含了两个碳氧双键，结构式是 $O\!=\!C\!=\!O$。$C\!=\!O$ 键的键长比碳氧单键和大多数多重键更短，其解离能比其他羰基更高。此外，由于 CO_2 分子具有稳定的结构，是不良的电子受体或供体，很难被活化参与反应。电催化 CO_2 还原反应（CO_2RR）是在特定催化剂作用下，以水作为质子来源，通过外加电压提供电子将 CO_2 还原成 CO 或碳氢化合物的反应。电催化还原二氧化碳技术具有绿色高效、易于规模化的优点，是将 CO_2 变废为宝的重要途径，也是目前前沿热点方向，关键在于研制高效稳定的催化剂系统。学习并掌握 CO_2 电催化还原的基本理论与测试方法有助于增强实践本领。

在电解液中，电催化二氧化碳还原反应（CO_2RR）通常发生在催化剂、电极和电解质溶液的三相界面处，是个表面反应。在电催化 CO_2 还原体系中，CO_2 从气相还原成目标产物的全过程非常重要，此过程包含的物理化学过程主要分为四步：①CO_2 气体分子在电解液中的溶解和扩散；②CO_2 气体分子在电催化剂表面的化学吸附；③电子和质子转移产生 C—H 和 C—O 键；④产物从催化剂表面脱附并扩散进入电解液。CO_2RR 能够实现 2 电子、6 电子、8 电子甚至 12 电子的还原过程，使得产物种类较多。不同的催化剂在不同的还原电势下反应产物不同（表 3-1），产物高达 16 种。其中，碳一（C_1）产物包括一氧化碳（CO）、甲酸（$HCOOH$）、甲烷（CH_4）、甲醇（CH_3OH）等。碳二（C_2）产物包括乙烯（C_2H_4）、乙醇（C_2H_5OH）、乙烷（C_2H_6）、乙酸（CH_3COOH）、乙醛（CH_3CHO）等。碳三（C_3）产物包括丙醛（CH_3CH_2CHO）、正丙醇（$CH_3CH_2CH_2OH$）等。同时，电催化 CO_2RR 过程还常伴有电催化析氢（HER）的竞争反应。

表 3-1　电催化 CO_2RR 的反应过程

阴极侧反应	还原反应	标准电极电势(vs. RHE)/V
CO_2RR	$CO_2 + 2H^+ + 2e^- \longrightarrow HCOOH$	-0.250
	$CO_2 + 2H^+ + 2e^- \longrightarrow CO + H_2O$	-0.106
	$2CO_2 + 12H^+ + 12e^- \longrightarrow C_2H_4 + 4H_2O$	0.064
	$2CO_2 + 12H^+ + 12e^- \longrightarrow C_2H_5OH + 3H_2O$	0.084
	$3CO_2 + 18H^+ + 18e^- \longrightarrow C_3H_7OH + 5H_2O$	0.095
	$CO_2 + 8H^+ + 8e^- \longrightarrow CH_4 + 2H_2O$	0.169
HER	$2H^+ + 2e^- \longrightarrow H_2$	0

法拉第效率（Faraday efficiency，FE）是电化学反应过程中某一目标产物生成过程中转移的电荷量占总通电量的比值，该值可以反映出催化剂在电催化反应过程中对于目标产物的选择性，是评价催化剂性能的重要指标。其对应的计算方法如下所示：

$$FE = \frac{Q_x}{Q_{total}} = \frac{n_x N_x F}{Q_{total}} \tag{3-3}$$

式中，Q_x 为 CO_2RR 过程中传递到产物的电荷量；Q_{total} 为总传递电荷量；n_x 为通过气相色谱测量的产物物质的量；N_x 为产物电子转移数；F 为法拉第常数（96485C/mol）。

对于通过气相色谱测量的产物物质的量，可通过气相色谱所得峰面积（$S_{标}$，$S_{测}$），根据标气中不同的气体含量（$c_{标}$），计算出产物气体中各组分的气体摩尔比。如下所示：

$$\frac{S_{标}}{c_{标}} = \frac{S_{测}}{c_{测}} \tag{3-4}$$

式中，$c_{测}$ 为产物气体的含量。

本实验以碳纸负载氧化亚铜催化剂作为工作电极，以铂丝为对电极，以饱和 $AgCl \mid Ag$ 为参比电极，在密闭的 H 槽内，组装电化学装置后进行循环伏安法（CV）测试和线性扫描伏安法（LSV）测试。

3. 主要仪器和试剂

（1）实验仪器

电化学工作站 1 台，H 型密封电解池（又称 H 槽）1 台，饱和 $AgCl \mid Ag$ 参比电极 1 个，铂丝，电子天平 1 台，气相色谱仪 1 台，磁力搅拌器 1 台，超声波清洗机 1 台，烘箱 1 台，搅拌子若干，三颈烧瓶，量筒等。

（2）实验试剂

碳酸氢钾（0.1mol/L），氯化铜（0.01mol/L），聚乙烯吡咯烷酮（MW 24000），氢氧化钠（2.0mol/L），抗坏血酸（0.60mol/L），无水乙醇（A.R.），炭黑，异丙醇

（A.R.），去离子水，碳纸，质子交换膜（Nafion 117，Dupont），5%（质量分数）Nafion 溶液，99.999%（体积分数）CO_2，稀硫酸（5%），双氧水（5%），质子交换膜。

4. 实验步骤

（1）氧化亚铜催化剂用于电催化二氧化碳还原实验流程如图 3-5 所示。

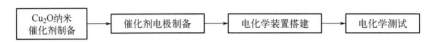

图 3-5　氧化亚铜催化剂用于电催化二氧化碳还原实验流程图

（2）氧化亚铜纳米催化剂的制备

在 100mL 0.01mol/L $CuCl_2$ 水溶液中加入 6g 聚乙烯吡咯烷酮，混合均匀后转移至三颈烧瓶，在搅拌条件下油浴至 55℃，逐滴加入 10mL 2.0mol/L NaOH 水溶液，搅拌 30min 后，再逐滴加入 10mL 0.60mol/L 抗坏血酸溶液，形成深棕色溶液，陈化 3h 后，溶液逐渐变为浑浊的红色。通过离心收集沉淀物，分别用去离子水和无水乙醇洗涤三次，在 60℃真空下干燥 6h 得到氧化亚铜纳米颗粒粉末。

（3）工作电极制备

将 5mg 炭黑、2.5mg 氧化亚铜纳米颗粒、500μL 异丙醇、100μL 水和 50μL 5% Nafion 溶液混合，超声 1h 分散均匀后得到催化剂分散液，取 300μL 所制备的分散液滴在 1.0cm×1.5cm 的亲水碳纸上，放入烘箱中干燥备用。

（4）CO_2RR 电解水装置的组装

首先对 Nafion 117 膜进行预处理，在 80℃质量分数为 5%的双氧水中浸泡 1h，再用去离子水浸泡 30min，然后于 80℃质量分数为 5%的稀硫酸水溶液中处理 1h，再用去离子水浸泡半小时。在 H 型电解池中间安置好质子交换膜，向两室内分别加入 0.1mol/L 碳酸氢钾水溶液。将对电极铂丝装在阳极一侧，工作电极和饱和 Ag｜AgCl 参比电极装在阴极一侧。注意工作电极与电解液的接触范围，不能将电极夹浸入电解液，保持工作电极浸入电解液的面积为 $1cm^2$。

（5）电化学测试

CV 测试：在 $-0.8 \sim 2V$ 电压范围内进行循环扫描，扫描速率设为 50mV/s，扫描圈数设为 20。通 CO_2 一段时间，在 CO_2 环境中对催化剂进行活化。

LSV 测试：在 CO_2 环境中，电压的扫描范围设为 $-0.8 \sim 2V$（vs. AgCl｜Ag），扫描速率设为 10mV/s，扫描三次。

电流-时间（i-t）曲线：在阴极一侧持续 30min 通入高纯 CO_2（99.999%）使之饱和。密闭 H 型电解池，防止气体产物的逸出。在 $-1.5V$（vs. AgCl｜Ag）的恒定电压下，进行 30min i-t 测试，进行 CO_2RR 反应。

气体检测：在 H 槽内阴极抽取 1mL 气体，在气相色谱工作站上进行定性定量分析。

5. 实验结果处理

（1）将 CV 数据、LSV 数据分别导入 Origin 等绘图软件，以电极电势为横坐标，电流密度为纵坐标，绘制 CV 曲线、LSV 曲线。

（2）计算 CO_2 还原产物中各组分的含量及其法拉第效率。

6. 思考与讨论

（1）抗坏血酸溶液在氧化亚铜纳米颗粒制备过程中的作用是什么？

（2）如何组装电催化二氧化碳还原的电解槽？组装过程应该注意哪些问题？

实验 3　电催化法降解有机物

一、电化学尿素氧化实验

1. 实验目的

（1）了解电化学尿素氧化反应的机理及意义。
（2）掌握电化学尿素氧化反应的测试和数据处理方法。

2. 实验原理

尿素是最简单的有机化合物之一，具有能量密度高、无毒和来源丰富等特点，不仅是目前使用量最大、含氮量最高的氮肥，而且被广泛应用于医药、食品、化妆品、纺织等领域，是制造三聚氰胺、脲醛树脂、炸药等化工产品的重要原料。近年来尿素电解/光解制氢和尿素燃料电池等尿素的能源转换技术引起了极大关注。工业上主要用氨气和二氧化碳在一定条件下合成尿素，在尿素生产和使用过程中不可避免地会产生大量含尿素的废水，利用电解法去除工业废水中的尿素可有效避免尿素分解释放氨造成的水体污染。"绿水青山就是金山银山"，化学工作者应力争为国家的可持续发展提供先进技术支持。

电化学尿素氧化反应（urea oxidation reaction，UOR）是将电能通入到含有尿素的溶液中进行的尿素氧化反应，产物为水、二氧化碳和氮气。电化学尿素氧化法具有操作简单、处理量大和环保等优点。通过这种方法能够有效净化含有尿素的废水，不但不需要昂贵的操作设备，而且也不需要在高温下操作，是一种处理尿素废水的适用方法。电化学尿素氧化反应一般在中性溶液或碱性溶液中进行。相比于中性溶液中的反应，在碱性溶液中尿素电解具有明显的优势：①发生 UOR 所需的标准电极电势更低；②产物中的 CO_2 可以被碱性溶液吸收，有利于保护环境；③催化剂的选择范围更宽，尤其是非贵金属催化剂的使用可以大大降低成本。在碱性溶液中尿素电解涉及两个半反应，即阳极发生的 UOR 和阴极发生的析氢反应（HER），化学反应方程式如下：

$$阳极：CO(NH_2)_2 + 6OH^- \longrightarrow N_2 + 5H_2O + CO_2 + 6e^-$$

$$阴极：2H_2O + 2e^- \longrightarrow H_2 + 2OH^-$$

$$总反应式：CO(NH_2)_2 + H_2O \longrightarrow N_2 + CO_2 + 3H_2 \tag{3-5}$$

电化学 UOR 的理论电极电势为 0.37V，远低于水氧化的电势 1.23V，同电解水相比，理论上可节约大量能量。电化学 UOR 不仅是一种有前途的制氢辅助技术，而且是处理含尿素废水的一种有效方法。

本实验以铂片为工作电极，碳棒为对电极，AgCl｜Ag 为参比电极，在密闭的 H 槽内，组装电化学装置后进行循环伏安法（CV）测试、线性扫描伏安法（LSV）测试和稳定性测试。

3. 主要仪器和试剂

（1）实验仪器

电化学工作站 1 台，AgCl｜Ag 参比电极 1 个，碳棒 1 个，磁力搅拌器 1 台，电子天平 1 台，超声波清洗机 1 台，烘箱 1 台，量筒若干等。

（2）实验试剂

氢氧化钾（1mol/L），尿素（0.33mol/L），无水乙醇（A.R.），去离子水，泡沫镍。

4. 实验步骤

（1）电化学尿素氧化反应实验流程如图 3-6 所示。

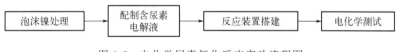

图 3-6　电化学尿素氧化反应实验流程图

（2）工作电极制备

将泡沫镍裁成 1cm×1.5cm 的小片，依次在水和乙醇中超声 15min，放入烘箱中干燥备用。

（3）电化学反应装置组装

以 AgCl｜Ag 为参比电极，碳棒为对电极，泡沫镍为工作电极，含 1mol/L 氢氧化钾和 0.33mol/L 尿素的 100mL 水溶液为电解液，将电化学工作站与三电极装置相连接，组装成电化学反应装置。

（4）电化学测试

CV 测试：将电压的扫描范围设为 0～0.65V（vs. AgCl｜Ag），循环次数设为 10，扫描速率设为 100mV/s，测试结束后保存数据以进行分析。

LSV 测试：将电压的扫描范围设为 0～1V（vs. AgCl｜Ag），循环次数设为 10，扫描速率设为 10mV/s，测试结束后保存数据以进行分析。

稳定性测试：使用计时电流法，在 LSV 曲线上找到 $10mA/cm^2$ 对应的电位，输入对应电压以及对应时间，观察电流随时间的变化关系。

5. 实验结果处理

（1）将 AgCl｜Ag 电极的电位换算成标准氢电极电势。

所有的电极电势转换为相对于可逆氢电极（reversible hydrogen electrode，RHE）的电极电势，转换公式为：

$$E_{RHE}(V) = E_{AgCl｜Ag} + 0.0591 \times pH + 0.205 \qquad (3\text{-}6)$$

（2）分别将 CV 和 LSV 数据导入 Origin 等绘图软件，以电极电势为横坐标，电流密度为纵坐标，绘制对应的 CV 和 LSV 曲线。

（3）将稳定性测试获得的电流和时间数据导入 Origin 等绘图软件，以时间为横坐标，电流密度为纵坐标，绘制 $i\text{-}t$ 曲线。

6. 思考与讨论

（1）影响电化学尿素氧化反应性能的主要因素有哪些？

（2）在测试 LSV 极化曲线时，所加过电势为零，电流却大幅度偏离零时如何解决？

二、电化学氧化法降解苯酚实验

1. 实验目的

（1）掌握电化学氧化法降解苯酚的原理及意义。
（2）了解电化学氧化法降解苯酚的测试和数据处理方法。

2. 实验原理

苯酚、苯胺等作为重要的化工原料，其生产量和使用量占芳烃总量的 90% 以上。这些物质在满足人类生产、生活需要的同时也不可避免地进入到环境中，对生态环境和人体健康均存在直接或潜在的威胁。苯酚具有较强的毒性，属于难降解有机污染物，是我国首先控制的污染物之一。高级氧化技术被认为是处理有机废水的最佳方法，具有氧化效率高和无二次污染等优点。高级氧化技术包括芬顿反应、光催化氧化、电化学氧化、臭氧氧化等方法。

电化学氧化法在废水有机污染物处理方面表现出高效的降解能力，日渐成为水污染控制领域中的一个研究热点。电化学氧化是在苯酚等有机物溶液或悬浮液的电解槽中，通入直流电，利用电极在电场作用下分解水，产生具有强氧化能力的羟基自由基（·OH 基团），从而使许多难以降解的有机污染物分解为 CO_2 或其他简单化合物的过程。

在电催化过程中，溶液中的 H_2O 或 OH^- 在阳极上放电并形成吸附在氧化电极（MO_x）上的羟基自由基：

$$MO_x + H_2O \longrightarrow MO_x（\cdot OH）+ H^+ + e^- \tag{3-7}$$

吸附的羟基自由基和阳极中的氧原子相互作用，并使自由基中的氧转移到阳极金属氧化物的晶格之中，形成过氧化物 MO_{x+1}：

$$MO_x（\cdot OH）\longrightarrow MO_{x+1} + H^+ + e^- \tag{3-8}$$

当溶液中存在可氧化的有机污染物 R 时，则反应按以下进行：

$$R + 2MO_x（\cdot OH）\longrightarrow RO_2 + 2MO_x + 2H^+ + 2e^- \tag{3-9}$$

$$R + 2MO_{x+1} \longrightarrow RO_2 + 2MO_x$$

苯酚经电化学氧化首先转化为其他小分子有机物，然后部分降解为 CO_2 和 H_2O。

本实验以铂片为工作电极，碳棒为对电极，饱和甘汞电极为参比电极，一定浓度苯酚的混合水溶液为电解液，组装电化学装置后进行循环伏安法测试和线性扫描伏安法测试。

3. 主要仪器和试剂

（1）实验仪器

电化学工作站 1 台，饱和甘汞电极 1 个，铂片电极 1 个，碳棒 1 个，磁力搅拌器 1 台，电子天平 1 台，烘箱 1 台，烧杯若干，量筒若干等。

（2）实验试剂

蒸馏水，Na_2SO_4（1mol/L），苯酚（0.05mol/L）。

4. 实验步骤

（1）电化学氧化法降解苯酚实验流程如图 3-7 所示。

图 3-7　电化学氧化法降解苯酚实验流程图

（2）电化学反应装置组装

分别配制 1mol/L Na_2SO_4 水溶液以及含有 1mol/L Na_2SO_4 和 50mmol/L 苯酚的混合溶液，作为电解液备用。以碳棒为对电极，铂片电极为工作电极，饱和甘汞电极（SCE）为参比电极组装三电极体系。

（3）电化学测试

CV 测试：对 1mol/L Na_2SO_4 水溶液以及含有 1mol/L Na_2SO_4 和 50mmol/L 苯酚的水溶液分别进行 CV 测试。将电压的扫描范围设为 0～2V（vs.SCE），循环次数设为 10，扫描速率设为 20mV/s，测试结束后保存数据以进行分析。注意，在测定前，工作电极铂片在电流密度为 $50mA/cm^2$，$1mol/L$ Na_2SO_4 水溶液下极化 $20min$。

LSV 测试：对 $1mol/L$ Na_2SO_4 水溶液以及含有 $1mol/L$ Na_2SO_4 和 $50mmol/L$ 苯酚的水溶液分别进行 LSV 测量。在电压为 $0\sim2.5V$ 下，扫描速率为 $10mV/s$ 的条件下进行极化曲线测试。

5. 实验结果处理

（1）将电化学测试所得到的饱和甘汞电极电势换算成标准氢电极电势。

（2）分别将 CV 和 LSV 数据导入 Origin 等绘图软件，以电极电势为横坐标，电流密度为纵坐标，绘制对应的 CV 和 LSV 曲线。

6. 思考与讨论

（1）简述电化学氧化法降解苯酚的原理和使用范围。

（2）在电化学氧化苯酚反应中，能否使用 AgCl｜Ag 参比电极代替饱和甘汞参比电极？

实验 4　电化学测试

一、测定电解水反应中的交换电流密度

1. 实验目的

（1）理解电解水反应中测定交换电流密度的意义。
（2）掌握交换电流密度的测试和数据处理方法。

2. 实验原理

在电解水反应中，当一个电极在析氧反应（OER）和析氢反应（HER）中处于平衡态时，OER 和 HER 的电流密度相等，对应的电流密度即为该电极的交换电流密度。交换电流密度用来描述一个电极反应得失电子的能力，即反映一个电极反应进行的难易程度。交换电流密度是一个热力学概念，不管是否处于平衡态，都与外界条件无关。当电极反应处于平衡时，电极反应的两个方向进行的速率相等，此时的反应速率叫作交换反应速率。对应阳极反应和阴极反应的电流密度绝对值叫作交换电流密度，用 j^0 表示。

交换电流越大，表明电极越容易被极化，OER 和 HER 都以很高的速率进行。当反应处于平衡，即外电位为零（ $\eta = 0$ ）时，可根据塔菲尔（Tafel）曲线的直线部分外推计算出交换电流密度。Tafel 曲线是电解反应过电位和极化电流密度的对数关系，通常被用来评价电催化剂反应动力学的快慢。通常使用线性扫描伏安法（LSV）曲线，在曲线的非法拉第区间选取恰当的一段，代入到塔菲尔公式之中，然后以过电位为纵坐标，以 $\lg|j|$ 为横坐标，即可得相应的塔菲尔曲线，塔菲尔计算公式如下：

$$\eta = a + b\lg|j| \tag{3-10}$$

式中，η 为过电位，mV；a 为电流密度为单位数值（如 $1A/cm^2$ ）时的过电位，mV；b 为 Tafel 斜率，mV/dec；j 为电流密度，mA/cm^2。a 和 b 的大小与电极的材料组成、表面状态和测试温度等因素相关，j 为动力学电流密度。对于 OER 而言，塔菲尔斜率也可辨别电催化材料的优劣，较小塔菲尔斜率的电催化材料在电化学过程中具有较小的过电位，因此具有较高的电催化活性。根据 Tafel 曲线的直线部分外推计算交换电流密度，由交点的横坐标 $\lg j^0$，可求得交换电流密度 j^0，交点纵坐标 $\eta = 0$，即对应平衡电位。

本实验以泡沫镍为工作电极，碳棒为对电极，AgCl｜Ag 为参比电极，组装电化学装置后进行循环伏安法（CV）测试和 LSV 测试。

3. 主要仪器和试剂

（1）实验仪器

电化学工作站 1 台，AgCl｜Ag 参比电极 1 个，碳棒 1 个，磁力搅拌器 1 台，电子天平 1 台，超声波清洗机 1 台，烘箱 1 台，移液枪，量筒等。

（2）实验试剂

氢氧化钾（1mol/L），去离子水，乙醇（A.R.），泡沫镍。

4. 实验步骤

（1）测定电解水反应中的交换电流密度实验流程如图 3-8 所示。

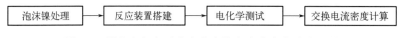

图 3-8　测定电解水反应中的交换电流密度实验流程图

（2）工作电极制备

将泡沫镍裁成 1cm×1.5cm 的小片，放入水和乙醇中各超声 15min 后，放入烘箱干燥备用。

（3）电化学反应装置组装

以 AgCl｜Ag 为参比电极，碳棒为对电极，泡沫镍为工作电极，100mL 1mol/L 氢氧化钾水溶液为电解液，将电化学工作站与三电极装置相连接，进行电化学测试。

（4）电化学测试

在 OER 的 LSV 测试中将电压范围设到 0～1V，扫描速率设为 10mV/s。在 HER 的 LSV 测试中将电压范围设到 −1～1.8V，扫描速率设为 10mV/s。重复上面的测试以保证 LSV 曲线的可重复性。

5. 实验结果处理

（1）将 LSV 数据导入 Origin 等绘图软件，以电极电势为横坐标，电流密度为纵坐标，绘制 LSV 曲线，计算出相应样品的 Tafel 曲线。

（2）根据 Tafel 曲线 η 和 $\lg|j|$ 的关系可计算出交换电流密度 j^0。

6. 思考与讨论

（1）影响交换电流密度的因素有哪些？

（2）极化曲线测试中 Ag｜AgCl 参比电极是否可以换成其他参比电极？

二、旋转圆盘电极测定氧还原反应参数

1. 实验目的

（1）了解旋转圆盘电极体系测定氧还原反应参数的基本原理。

（2）掌握线性扫描伏安法和循环伏安法测试电子转移数的方法。

2. 实验原理

旋转圆盘电极通常是将圆盘电极（如玻碳电极）放入到具有一定厚度的绝缘材料（如聚四氟乙烯和树脂等）做的空心棒制得的，绝缘壳层的存在使得流体动力学边缘效应可以忽略。需要特别注意的是要保证电极材料和绝缘套之间接触紧密，没有溶液渗透。圆盘电极与垂直于它的转轴同心，并具有良好的轴心对称性。电极直接装在电动机上，利用电动机控制电极在溶液里以 $50\sim10000 \mathrm{r/min}$ 的速度旋转，使液体沿旋转轴输送到电极表面，然后沿电极径向甩出，在电极表面扩散层以外的区域溶液流动方式为层流。旋转圆盘电极使反应物向电极表面（产物离开电极表面）的传质是可控的，为能够在稳态时利用对流-扩散方程进行严格的数学求解的电极体系之一。

测定参与电极反应的电子数有助于研究电极反应的机理，确定电极反应产物、中间体和自由基的结构。可以根据 Koutecky-Levich 方程计算出氧还原反应电子数：

$$\frac{1}{J} = \frac{1}{J_k} + \frac{1}{J_1} = \frac{1}{J_k} + \frac{1}{B\omega^{1/2}}$$

$$B = 0.62nFc_0D_0^{2/3}\nu^{-1/6} \tag{3-11}$$

式中，J 为测量电流密度；J_k 为动力学扩散电流密度；J_1 为动力学极限电流密度；B 为斜率的倒数；ω 为角速度；F 为法拉第常数（96485C/mol）；c_0 为 O_2 的浓度（$1.2\times10^{-3}\mathrm{mol/L}$）；$D_0$ 为 O_2 的扩散系数（$1.9\times10^{-5}\mathrm{cm^2/s}$）；$\nu$ 为 0.1mol/L KOH 作为电解质的动力黏度（$0.01\mathrm{cm^2/s}$）；n 为每个 O_2 分子的电子转移数。

本实验以旋转圆盘电极为工作电极，碳棒为对电极，AgCl｜Ag 为参比电极，组装电化学装置后进行循环伏安法（CV）测试和不同转速下的线性扫描伏安法（LSV）测试。

3. 主要仪器和试剂

（1）实验仪器

电化学工作站 1 台，AgCl｜Ag 电极 1 个，碳棒 1 个，玻碳电极 1 个，磁力搅拌器 1 台，电子天平 1 台，超声波清洗机 1 台，移液枪，样品瓶，五口烧瓶若干等。

（2）实验试剂

氢氧化钾（0.1mol/L），去离子水，异丙醇（A.R.），20%（质量分数）Pt/C，导电炭黑，5%（质量分数）Nafion溶液，氮气，氧气。

4. 实验步骤

（1）旋转圆盘电极测定交换电流密度的实验流程如图3-9所示。

图3-9　旋转圆盘电极测定交换电流密度实验流程图

（2）工作电极制备

将2mg Pt/C和1mg导电炭黑置于样品瓶中，加入1000μL异丙醇作为分散剂，超声分散均匀得到催化剂分散液，随后用移液枪移取30μL分散液逐滴滴在玻碳电极表面，待催化剂分散液自然干燥后，将3μL 0.125%（质量分数）的Nafion/异丙醇混合溶液滴加在电极表面上，放入烘箱中干燥备用。

（3）电化学反应装置组装

配制0.1mol/L氢氧化钾溶液作为电解液，倒入两个五口烧瓶中，分别通入O_2和N_2。以AgCl｜Ag为参比电极，碳棒为对电极，同前面制备的工作电极，组装成三电极测试系统。

（4）电化学测试

① N_2环境：在电解液中通入30min的N_2，达到N_2饱和状态，以排出电解液中的O_2。

CV测试：把三电极体系放置于通入N_2的电解液烧瓶中，将电压的扫描范围设为0.2～1V（vs. AgCl｜Ag），循环次数设为30，扫描速率设为50mV/s。

LSV测试：在N_2环境下以测试出背景电流。将电压的扫描范围设为0.2～1V（vs. AgCl｜Ag），扫描速率设为10mV/s，旋转杆转速设为1600r/min，测试3次。

② O_2环境：对电解液通入30 min的O_2，达到O_2饱和的状态，以进行电化学测试，测出氧化还原曲线。

CV测试：将电压的扫描范围设为0.2～1V（vs. AgCl｜Ag），循环次数设为4，扫描速率设为50mV/s。

LSV测试：研究电极的氧还原反应的起始电位、半波电位和极限电流。将电压的扫描范围设为0.2～1V（vs. AgCl｜Ag），扫描速率设为10mV/s，旋转杆转速设为1600r/min，测试3次。

电子转移数测试是在O_2环境下测定不同转速下的LSV曲线。测试LSV时，旋转杆转速依次为400r/min、900r/min、1600r/min和2500r/min，测定4条曲线。

5. 实验结果处理

（1）将 AgCl｜Ag 电极的电极电势换算成标准氢电极电势。

（2）分别将 CV 和 LSV 数据导入 Origin 等软件，将横坐标除以电极面积得到单位面积的电极电势，将纵坐标乘以 1000 将电流单位转化为 mA。以电极电势为横坐标，电流密度为纵坐标，绘制相应的 CV 和 LSV 曲线，然后绘制电催化材料的塔菲尔曲线。

（3）将不同转速下的测试数据导入 Origin 等软件进行处理，取极限扩散区不同电位下不同转速的电流密度，通过 Koutecky-Levich 方程求得相应的 n，对得到的 n 求平均值，即可得到电子转移数。

6. 思考与讨论

（1）测定氧还原反应电子数有何意义？测量结果受哪些因素影响？

（2）玻碳电极长期未使用对测试结果有何影响？在测试前应如何处理？

三、交流阻抗测量聚合物阴离子交换膜电导率

1. 实验目的

（1）了解阴离子交换膜的原理及应用。

（2）掌握阴离子交换膜电导率的测试和数据处理方法。

2. 实验原理

阴离子交换膜是碱性燃料电池的核心部件之一，其组成、结构和物化性质直接影响碱性燃料电池的性能和使用寿命。阴离子交换膜不仅起到分隔燃料和氧化剂，防止它们直接反应的作用，而且能为 OH^- 传输提供通道。离子电导率是决定阴离子交换膜性能的关键指标之一。美国能源部规定质子交换膜燃料电池的离子电导率应大于 $100mS/cm$ 才能以最小的电阻损耗获得高的电流密度输出。然而与质子交换膜相比，阴离子交换膜的离子电导率普遍偏低，大部分处于 $0.1\sim50mS/cm$ 之间，主要是由于 OH^- 的离子迁移率和季铵化碱性基团的解离程度偏低，小于质子交换膜中 H^+ 的离子迁移率和磺酸基团的解离程度。

阴离子交换膜的导电性能一般用电导率表征，然而其电导率的测定并不像测定液体电解质的电导率那样简单、方便和直观。阴离子交换膜中的载流子是氢氧根离子，而导线和电极中的载流子为电子。在测量过程中，电极-质子交换膜界面会发生电荷的转移，并形成双电层，在电极-电解质界面产生电荷传递阻力。因此，质子交换膜

的电导率不能采用直流电阻的方法，而应选用交流阻抗的测定方法。交流阻抗法可以消除复杂的浓度极化和离子在电极-电解质界面的积累问题，避免电极-电解质界面上电荷转移阻力的影响，从而利用交流阻抗谱测定技术建立一种阴离子交换膜导电性能评价方法。

交流阻抗法是一种以小振幅的正弦波电位（或电流）为扰动信号，叠加在外加直流电压上，并作用于电解池，以测量阴离子交换膜的电导率。由电化学工作站直接绘制出奈奎斯特图，并记录电荷转移电阻（R_{ct}）值，求取平均数带入下列电导率公式：

$$\sigma = \frac{L}{RA} \tag{3-12}$$

式中，σ 为离子电导率，S/cm；L 为电极之间的距离，cm；A 为膜的截面积，cm²；R 为膜的电化学阻抗，即 R_{ct}，Ω。

本实验使用铂片模具，FAA-PK-130 阴离子交换膜对电化学装置组装后进行交流阻抗测试。

3. 主要仪器和试剂

（1）实验仪器
电化学工作站 1 台，铂片模具 1 个，恒温箱 1 台，烧杯，磁力搅拌器 1 台等。
（2）实验试剂
氢氧化钾（A.R.），去离子水，FAA-PK-130 阴离子交换膜等。

4. 实验步骤

（1）交流阻抗法测量聚合物阴离子交换膜电导率实验流程如图 3-10 所示。

图 3-10 交流阻抗法测量聚合物阴离子交换膜电导率实验流程图

（2）阴离子交换膜处理
将 FAA-PK-130 阴离子交换膜置于 1mol/L 氢氧化钾溶液中并浸泡 24 小时，阴离子交换膜为 OH⁻ 形态。从溶液中取出膜，并用无尘纸擦拭去除表面上的液体。
（3）电化学反应装置组装
将处理后的阴离子交换膜安装在模具中，控制温度为室温到 80℃ 之间的任一温度，铂片作为电极将膜和电化学工作站连接。
（4）电化学测试
选择"A.C Impedance"实验技术，电压设为 0V，扫描频率为 10～10⁶Hz，进行测试。然后选择"Sim"里的"Mechanism"，进行等效电路的拟合，最后得出阻抗图谱，记录 R_{ct} 的数值。

5. 实验结果处理

（1）数据导入 Origin 等绘图软件，绘出电化学阻抗谱图。

（2）进行多次测试记录 R_{ct} 数值，求取平均数。带入电导率公式，得到膜电导率。

6. 思考与讨论

（1）温度和厚度对阴离子交换膜的电导率有什么影响？

（2）阴离子交换膜使用后应该如何保存？

实验 5　金属腐蚀电化学测试

一、线性极化技术测量金属腐蚀速率

1. 实验目的

（1）了解金属腐蚀的原理。

（2）掌握恒电位测定极化曲线的原理和方法。

（3）讨论极化曲线在金属腐蚀与防护中的应用。

2. 实验原理

金属材料受周围介质的作用而损坏，称为金属腐蚀。金属锈蚀是最常见的腐蚀形态。腐蚀时，在金属的界面上发生了化学或电化学多相反应，使金属转入氧化（离子）状态。这会显著降低金属材料的强度、塑性、韧性等力学性能，破坏金属构件的几何形状，增加零件间的磨损，降低其电学和光学等物理性能，缩短设备的使用寿命，甚至造成火灾、爆炸等灾难性事故。

当金属浸于腐蚀介质时，如果金属的平衡电极电势低于介质中去极化剂（如 H^+ 或 O_2）的平衡电极电势，则金属和介质构成一个腐蚀体系，此时，金属发生阳极溶解，去极化剂发生还原。例如，镁合金与 NaCl 溶液构成腐蚀体系的电化学反应式为：

$$阳极：Mg \longrightarrow Mg^{2+} + 2e^- \tag{3-13}$$

$$阴极：2H_2O + 2e^- \longrightarrow H_2 + 2OH^- \tag{3-14}$$

腐蚀体系进行电化学反应时，阳极反应的电流密度以 j_a 表示，阴极反应的电流密度以 j_k 表示。当体系达到稳定时，此时金属处于自腐蚀状态，$j_a = j_k = j_{corr}$（j_{corr} 为腐蚀电流密度），体系不会有净的电荷积累，体系处于稳定电位。根据法拉第定律，在电解过程中，阴极上还原物质析出的量与所通过的电流强度和通电时间成正比，故可用阴阳极反应的电流密度代表阴阳极反应的腐蚀速率。金属自腐蚀状态的腐蚀电流密度即代表了金属的腐蚀速率。

极化曲线表示电极电势和电流之间的关系，通过对实验测量的极化曲线进行分析，可以从电位与电流密度之间的关系来判断极化程度的大小，由曲线的倾斜程度可以得到极化程度。极化率是电极电势随电流密度的变化率，极化率越大，电极极化的倾向也越大，电极过程受到阻力比较大，电极过程不容易进行。反之极化率越小，则电极过程越容易进行。

极化曲线法又称塔菲尔（Tafel）曲线外推法，一般以纵坐标表示电极电势，横坐标表示电流密度，它是一种测定腐蚀速率的方法。将金属样品制成电极浸入腐蚀介质中，测得电位 E 和电流密度 j 的关系，作 $\lg|j|-E$ 曲线，将阴极和阳极极化曲线的直线部分延长，所得交点即为 $\lg j_{\text{corr}}$，即得腐蚀速率。

本实验以镁合金为工作电极，铂片为对电极，饱和甘汞电极为参比电极，组装电化学装置后进行极化曲线测试。

3. 主要仪器和试剂

（1）实验仪器

电化学工作站 1 台，饱和甘汞电极 1 个，铂片电极 1 个，烧杯等。

（2）实验试剂

镁合金（圆柱体），氯化钠（0.5mol/L），去离子水，金相砂纸。

4. 实验步骤

（1）线性极化技术测量金属腐蚀速率实验流程如图 3-11 所示。

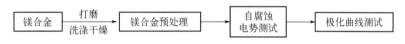

图 3-11　线性极化技术测量金属腐蚀速率实验流程图

（2）工作电极制备

用金相砂纸将镁合金电极表面打磨直至平整光亮，测量镁合金的直径。

（3）电化学反应装置搭建

以 0.5mol/L NaCl 水溶液为电解液，镁合金为工作电极，铂片为对电极，饱和甘汞电极为参比电极，构建三电极体系。

（4）电化学测试

自腐蚀电势：选中"open circuit potential-time"实验技术，测得的开路电位即为电极的自腐蚀电势 E_{corr}。

线性极化曲线：选中"Tafel"实验技术，起始电位设为比 E_{corr} 低 0.5V，终态电位设为比 E_{corr} 高 1.25V，扫描速率为 0.001V/s，灵敏度设为自动，其他可用仪器默认值，极化曲线自动绘出。

5. 实验结果处理

（1）将测试得出的数据导入 Origin 等绘图软件，以电极电势为纵坐标，$\lg|j|$ 为横坐标，绘制阳极极化曲线。

（2）由阳极极化曲线两条切线的交点得到 j_{corr}，即得腐蚀速率。

6. 思考与讨论

（1）平衡电极电势和自腐蚀电势有何区别？

（1）为什么可以用自腐蚀电流 i_{corr} 除以样品面积来代表金属的腐蚀速率？

二、聚苯胺防腐涂层的制备及防腐性能实验

1. 实验目的

（1）掌握聚苯胺防腐涂层的制备及其防腐性能。
（2）掌握电位极化曲线和电化学阻抗谱的绘制方法。
（3）了解聚苯胺在金属腐蚀与防护领域的应用。

2. 实验原理

金属腐蚀使得材料的各方面性能下降，造成设备老化、寿命变短，给社会生产生活造成惊人的危害和损失。在各种防腐蚀技术中，涂覆防腐蚀涂料是应用最广泛，也是最经济、实用、有效的方法。聚苯胺作为一种导电聚合物，由于优异的电化学性能和良好的化学稳定性，并且在制备和使用过程中不存在环境污染问题，日益受到人们关注。聚苯胺及其复合材料被广泛应用到金属腐蚀与防护领域，并展现出优异的腐蚀防护效果。聚苯胺能抑制氧化物的溶解和还原，使金属处于钝化状态，降低金属的腐蚀速率。与常规防腐蚀涂料相比，聚苯胺类防腐蚀涂料最显著的特点是对金属基体表面具有阳极钝化保护作用，能使金属表面钝化形成一层致密的金属氧化物膜，从而使其屏蔽作用优于常规防腐蚀涂料。

对于金属腐蚀过程，当腐蚀介质与金属表面接触时，金属表面处形成大量的腐蚀原电池。由于聚苯胺独特的电子传导机制，通过聚苯胺的掺杂态向本征态的转变，聚苯胺能够拦截金属表面阳极反应产生的电子并将其输送到涂层的外部，这样就使得电化学腐蚀阴极反应发生在聚合物/溶液界面处而不是金属/溶液界面处，这时电化学活性界面从金属/溶液界面转移到聚合物/溶液界面处，腐蚀原电池和阳极部分反应被物理分离，起到了主动防护作用。

聚苯胺可以使金属腐蚀电位向高电位区移动，这主要归因于以下两方面。

一方面，聚合物（ECP^{m+}）和金属（M）之间的氧化还原反应为：

$$\frac{1}{n}M + \frac{1}{m}ECP^{m+} + \frac{y}{n}H_2O \longrightarrow \frac{1}{n}M(OH)_y^{(n-y)} + \frac{1}{m}ECP^0 + \frac{y}{n}H^+$$

另一方面，聚合物被空气中的氧气氧化，反应方程式为：

$$\frac{m}{4}O_2 + ECP^0 + \frac{m}{2}H_2O \longrightarrow ECP^{m+} + m\,OH^-$$

聚苯胺在金属表面有强的吸附倾向。聚苯胺中心原子 N 上具有未共用的电子对，当金属表面原子存在空 d 轨道时，其中心 N 原子的孤对电子就与空的 d 轨道形成配位键，从而吸附在金属表面，这种吸附可以增强聚苯胺对金属的保护作用。

本实验以表面涂有聚苯胺涂层的不锈钢为工作电极，饱和甘汞电极为参比电极，铂片为对电极，组装电化学装置后进行腐蚀效率的测试。

3. 主要仪器和试剂

（1）实验仪器

磁力搅拌器 1 台，电子天平 1 台，电化学工作站 1 台，超声波清洗机 1 台，烘箱 1 台，饱和甘汞电极 1 个，铂片电极 1 个等。

（2）实验试剂

苯胺（0.7mol/L A.R.），柠檬酸（A.R.），98%（质量分数）浓硫酸，无水乙醇（A.R.），去离子水，304 不锈钢，240 目、600 目、800 目和 1200 目的砂纸。

4. 实验步骤

（1）聚苯胺防腐涂层的制备及防腐性能实验流程如图 3-12 所示。

图 3-12 聚苯胺防腐涂层的制备及防腐性能实验流程图

（2）工作电极的制备

① 不锈钢预处理：分别使用 240、600、800 和 1200 目的砂纸逐级打磨不锈钢表面直至平整光亮，用无水乙醇超声洗涤，除去表面油渍，然后用去离子水洗涤，在烘箱中干燥备用。

② 聚苯胺涂层的构建：配制 0.7mol/L 苯胺和柠檬酸混合溶液作为电解液，利用循环伏安法在电解液中直接在不锈钢表面进行苯胺的电聚合，构建出柠檬酸掺杂的聚苯胺涂层。其中，不锈钢作为工作电极，聚合时进行封样以固定有效聚合面积为 2.6cm²。饱和甘汞电极（SCE）为参比电极，铂片为对电极。扫描电压范围为 -0.4～1.2V（vs. SCE），循环次数设为 10，扫描速率设为 20mV/s。聚合完成后用去离子水小心清洗工作电极表面，烘干待测。

（3）电化学测试

线性极化曲线：将表面聚合有聚苯胺涂层的不锈钢浸泡在 50mL 的 0.5mol/L

H_2SO_4 溶液中，以表征涂层的耐腐蚀性能。每次测试时保证工作电极暴露面积为 $2.6cm^2$，待开路电位稳定后开始进行动电位极化曲线测试。采用经典的三电极体系，以表面聚合有聚苯胺涂层的不锈钢为工作电极，饱和甘汞电极为参比电极，铂片为对电极。测试完成后进行拟合计算，得到相应的参数如：腐蚀电位（E_{corr}）、腐蚀电流密度（j_{corr}）等。

保护效率的计算公式：
$$PE = \frac{j_{corr}^{uncoated} - j_{corr}}{j_{corr}^{uncoated}} \tag{3-15}$$

式中，PE 为保护效率；$j_{corr}^{uncoated}$ 为空白不锈钢的腐蚀电流密度；j_{corr} 为涂层的腐蚀电流密度。

5. 实验结果处理

（1）将线性极化曲线数据导入 Origin 等绘图软件，以电极电势为纵坐标，$\lg j$ 为横坐标，绘制阳极极化曲线。

（2）由阳极极化曲线的切线的交点求 E_{corr}、j_{corr}，并计算得到保护效率。

6. 思考与讨论

（1）影响聚苯胺防腐蚀性能的因素有哪些？

（2）聚苯胺在金属腐蚀与防护领域的研究趋势是什么？

（3）对 304 不锈钢进行预处理以及电极处理的原因是什么？

第 4 章

金属表面的电化学修饰

实验 6 不锈钢片的电化学抛光实验

1. 实验目的

（1）掌握电化学抛光的基本原理，了解金属抛光的工艺流程。

（2）了解和探讨金属抛光效果的影响因素。

（3）了解电化学抛光工件的检测方法。

2. 实验原理

抛光是指利用机械、化学或电化学手段，降低工件表面粗糙度，以获得光亮、平整表面的加工方法。作为抛光工艺的一种，电化学抛光是以被抛光工件为阳极，不溶性金属为阴极，两极同时浸入到电解槽中，在直流电作用下阳极有选择性地溶解，从而达到工件表面光亮度增大的效果。

电化学抛光质量的好坏与金属的表面性质、金属相组织的均匀性以及电解槽压力高低等因素有着密切的关系。阳极溶解不均匀也会导致加工表面无光泽、出现麻点和局部腐蚀等现象。电化学抛光过程大约分为三个阶段：活化阶段、抛光阶段和过抛光阶段。理想的电化学抛光阳极电位-电流密度曲线如图 4-1 所示。

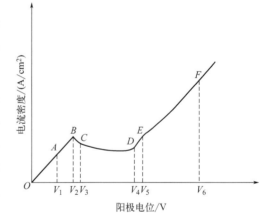

图 4-1 电流密度-阳极电位曲线

当被抛光工件浸泡在电解液中，便开始受电解液自然腐蚀。工件接通电源，当阳极电位迅速增至 V_1 时，如图 4-1 的 OA 段所示，电流密度增加变缓，这主要是因为阳极表面附着一层较薄的氧化膜，电阻较大，电流变化缓慢，该电位段不起抛光作用。AB 段阳极电位由 V_1 增至 V_2，电流密度增加趋势明显。阳极表面进行活性溶解，由于阳极表面微观凸起部分比凹陷部分电阻小、电导大，金属离子扩散速度快，促使微观表面凸起部位优先溶解，电流快速上升。BC 段阳极电位由 V_2 增至 V_3，电流密度出现下降的趋势。这是因为反应产生的水化离子进入溶液后聚集在阳极表面，阳极处的离子浓度增高而导致浓差极化，进而导致阳极表面的电阻增大，电流密度减小，金属的溶解速度减慢。此外，阳极处的金属离子与水化离子发生反应，在其表面形成一层氧化物。CD 段阳极电位由 V_3 增至 V_4，电流密度趋于平稳。虽然生成的氧化物覆盖于阳极表面，但阳极仍在溶解，氧化物不断地生成和溶解，使得电流密度趋于稳定，因此 CD 段称为电流稳定区。经过 CD 段的抛光，阳极微观表面凹凸部位尺寸差距逐渐消失，并且凹凸处形成的氧化膜厚度均匀，阳极表面光滑均匀，因此，CD 段为良好的抛光区域。DE 段阳极电位由 V_4 增至 V_5，电流密度缓慢上升。DE 段电位达到析氧电位，阳极表面有氧气析出，由于 DE 段氧气的压力不够而附着在阳极表面，所得抛光面并不理想。EF 段阳极电位由 V_5 增加到 V_6，电流密度线性上升。随着电位的增大，EF 段氧气迅速离开阳极表面并逸出，阳极表面氧化膜被破坏，阳极的溶解速度加快。另外阴极会发生析氢反应，抛光液出现冒泡现象，并且阴极会有大量沉淀物生成，影响阳极的抛光效果。

本实验选用 316L 不锈钢片为工件，对其表面进行电化学抛光和钝化，并利用蓝点测试法对钝化膜质量进行检测。

3. 主要仪器和试剂

（1）实验仪器

直流稳压电源 1 个，电流表 1 个，超声波清洗仪 1 台，电极夹，鳄鱼夹，导线，电子天平 1 台，电磁搅拌器 1 台，电磁转子，环槽夹具，烘箱 1 台，恒温水浴锅 1 台，烧杯，量筒，玻璃棒，秒表，温度计，镊子，滴管，电解槽 1 个，铁架台 1 台等。

（2）实验试剂

316L 不锈钢片（30mm×10mm×5mm），铜片，氢氧化钠，碳酸钠，磷酸钠，硅酸钠，乙二醇，氯化钠，3%（质量分数）过氧化氢溶液，三乙醇胺，葡萄糖，去离子水，浓硝酸，重铬酸钾，98%（质量分数）硫酸，36%（质量分数）盐酸，铁氰化钾等。所用试剂均为分析纯。

4. 实验步骤

（1）不锈钢电化学抛光实验流程如图 4-2 所示。

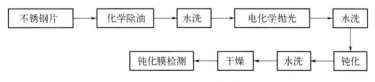

图 4-2　不锈钢电化学抛光实验流程图

（2）化学除油：将 12.0g 氢氧化钠、4.0g 碳酸钠、4.0g 磷酸钠和 0.6g 硅酸钠依次放入烧杯中，加入适量的去离子水配制成 200mL 水溶液。将不锈钢片放入该溶液中，调节溶液温度为 70℃，20min 后取出不锈钢片，用去离子水清洗待用。

（3）电化学抛光：将 14.6g 氯化钠，2.5mL 3％（质量分数）过氧化氢溶液，2.5mL 三乙醇胺和 2.25g 葡萄糖依次加入烧杯中，加入适量的乙二醇配制成 250mL 溶液。调节溶液温度为 25℃，并搭建电化学抛光装置：①将电磁搅拌器、电流表、直流稳压电源按照从左至右的顺序依次放在实验台上，电解槽放在电磁搅拌器上，电解槽内放入电磁转子，放置环槽夹具，缓慢注入电解液至电解槽容积的三分之二；②在电磁搅拌器旁放置铁架台，将温度计固定在铁架台上，温度计底端插入电解液底部，但不要与电解槽壁/底、阳极（不锈钢片）、阴极（铜片）和环槽夹具接触；③用导线将电流表正极与直流稳压电源正极相连接，直流稳压电源负极与阴极相连，电流表负极与阳极相连，鳄鱼夹夹在电极片 3mm 处。将不锈钢片和铜片浸入溶液中约 1.5cm，调整直流电源电压至 17V，不锈钢片和铜片的距离大约为 20mm，抛光时间 10～15min。电化学抛光过程中，观察阴极、阳极的变化情况，直到时间结束，取出不锈钢片，用去离子水洗净。

（4）钝化：将 15mL 浓硝酸在不断搅拌状态下缓慢倒入 100mL 去离子水中，然后加入 4g 重铬酸钾，用玻璃棒搅拌均匀，放置在水浴锅中加热到 40℃。将电化学抛光过的不锈钢片放入到水浴锅中，30min 后取出。用去离子水冲洗干净，置于烘箱中烘干。

（5）钝化膜质量检测：将 1mL 98％ H_2SO_4 和 5mL 36％的盐酸在不断搅拌状态下依次加到 60mL 去离子水中，然后加入 5g 铁氰化钾，将溶液转移至 100mL 容量瓶中，配制成 100mL 的蓝点测试液。

在钝化的不锈钢上任意选取一点，滴加 0.1mL 蓝点测试液，开始秒表计时，当蓝点测试液覆盖区域内出现蓝点数量达到 8 个时，终止计时。在不同区域再选取另外两点，重复同样实验，计算出平均时间。同理，对未抛光的不锈钢片与经过电化学抛光未钝化的不锈钢片也进行蓝点测试，计算出现 8 个蓝点时的平均时间。

5. 实验结果处理

（1）肉眼观察抛光样品表面是否整洁光亮，是否出现挂灰和褶皱等缺陷？
（2）抛光后不锈钢片是否有未洗净盐类的痕迹？
（3）观察蓝点测试液覆盖区域出现 8 个蓝点的时间，并判断钝化产品是否合格。

6. 思考与讨论

（1）影响电化学抛光的因素有哪些？是否所有工件都可以进行电化学抛光？
（2）工件电化学抛光前为什么要进行化学除油？

实验 7 赫尔槽实验

1. 实验目的

（1）熟悉赫尔槽实验的基本原理和实验操作。

（2）掌握用赫尔槽确定镀液工作电流密度范围和评定镀层外观的方法。

2. 实验原理

电镀是用电解法在导电基底的表面上沉积一层具有目标形态和性能的金属沉积层的过程，以改变基底表面的特性，改善基底材料的外观、耐腐蚀和耐磨损等性能。

电镀过程中，由外部电源提供的电流流经镀液中两个电极（阴极和阳极）形成闭合电流回路。电镀液中的阴极在电流作用下，发生金属离子的还原反应，若阳极采用可溶性阳极，则在阳极上发生金属的氧化反应；若采用不溶性阳极，则在阳极上发生溶液中某些化学物质（如水）的氧化反应。其反应可表示如下（M 代表金属，如铜、镍、铬等）：

$$\text{阴极反应：} M^{n+} + ne^- \longrightarrow M \tag{4-1}$$

副反应：$2H^+ + 2e^- \longrightarrow H_2$（酸性镀液），$2H_2O + 2e^- \longrightarrow H_2 + 2OH^-$（碱性镀液）

$$\text{阳极反应：} M - ne^- \longrightarrow M^{n+} \text{（可溶性阳极）} \tag{4-2}$$

$$\text{或：} 2H_2O - 4e^- \longrightarrow O_2 + 4H^+ \text{（不溶性阳极，酸性）}$$

当镀液中有添加剂时，添加剂也可能在阴极上发生反应。镀液组成、电沉积的电流密度、镀液 pH 值和温度，甚至镀液的搅拌形式等因素对沉积层的结构和性能都会产生明显的影响。确定镀液组成和沉积条件，可电镀出具有所要求的物理-化学性质的沉积层。

赫尔槽实验是一种实验效果好、操作简单、电镀液需求体积小的小型电镀实验，可以较快地确定外观合格镀层所需的近似电流密度值、温度和 pH 值等工艺条件，因此赫尔槽实验被广泛用于研究电镀溶液中组分配比、添加剂含量以及工艺条件等的影响，探测电镀溶液内部产生电镀故障的原因等。此外，赫尔槽实验还可以测定电镀溶液的分散能力、覆盖能力、镀层的平整性和耐蚀性，从而综合评价电镀溶液的性能。

赫尔槽的槽体一般使用耐酸碱的透明亚克力（又称有机玻璃，化学名称为聚甲基丙烯酸甲酯）材料制作，以便于观察实验的情况。赫尔槽的阴、阳两极之间不平行，有一定的角度，俯视的横截面是一个梯形，梯形直角边位置放置阳极，斜边位置放置阴极试片。阴极试片距离阳极最近处，镀液电阻最小，电流密度最大，称为高端或近端；相反，阴极试片距离阳极最远处称为低端或远端，这是赫尔槽最主要的特点。由于阴、阳两极间距离有规律地变化，在外加总电流为定值时，阴极上的电流密度分布也发生规律性变化。赫尔槽实验对镀液组成和操作条件的变化非常敏感，因此常用来快速确定镀液各组分的浓度、pH 值和良好沉积层所需的电流密度范围。标准尺寸267 mL 赫尔槽的阴极上电流密度的分布可用式（4-3）计算：

$$J_k = I\ (5.1 - 5.24 \lg L) \tag{4-3}$$

式中，J_k 为阴极上某位置的电流密度，A/dm^2；I 为选用的电流强度，即实验用电流，A；L 为阴极上该位置距近端的距离，cm。

式（4-3）仅适于 L 为 1～9cm 范围内的计算，$L<1cm$ 或 $L>9cm$ 都不适用。若阴、阳极（特别是阳极）过厚时，同样装 250mL 镀液，液位上升过多，阴极受镀面积加大，实际的阴极电流密度会有所下降，但规律不变，可用作相对比较。

本实验采用赫尔槽实验对电镀镍过程中添加剂、搅拌情况和温度等因素进行研究，在较短时间内，用较少的镀液得到较宽电流密度范围内的沉积效果。电镀镍过程包含了溶液中的水合镍离子向阴极表面扩散、镍离子在阴极表面放电成为吸附原子（电还原）和吸附原子在表面扩散进入金属晶格（电结晶）三个步骤。溶液中镍离子的浓度、添加剂与缓冲剂的种类和浓度、pH 值、温度、所使用的电流密度和搅拌情况等都能够影响电沉积的效果。

3. 主要仪器和试剂

（1）实验仪器

直流稳压电源（0～30V，5A）1 个，267mL 带进气装置的赫尔槽 1 个，导线，鳄鱼夹，阳极镍片 1 个，阴极铜片 4 个（其中一个腐蚀成 20mm×5 格，测电流密度分布用），pH 计，吹风机，恒温水浴锅 1 台，剪刀，500♯、800♯ 砂纸，镊子，烧杯，量筒等。

（2）实验试剂

硫酸镍，氯化钠，硼酸，98％（质量分数）硫酸，氢氧化钠，碳酸钠，十二烷基硫酸钠，OP-10，去离子水，糖精，苯亚磺酸钠，镍光亮剂 XNF。所用试剂均为分析纯。

4. 实验步骤

（1）赫尔槽实验流程如图 4-3 所示。

（2）基础镀液的配制。将 300.0g 硫酸镍、5.0g 氯化钠和 17.5g 硼酸依次放入烧杯中，加入 500mL 去离子水配制溶液，并用稀硫酸将所得溶液 pH 值调至 3.5～4.5。

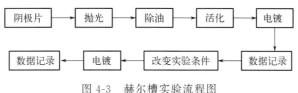

图 4-3 赫尔槽实验流程图

（3）抛光。用剪刀将铜片裁剪成若干个 10cm×7cm 的方形片。用 500♯、800♯ 砂纸对裁剪后的铜片进行抛光至镜面，后用去离子水冲洗，吹风机吹干。

（4）化学除油。将 4g NaOH、6g Na_2CO_3 和 4 滴 OP-10 依次放入烧杯中，加入适量去离子水配制成 200mL 水溶液。用镊子夹住已抛光好的铜片放入该溶液中，调节溶液温度为 60℃，3min 后取出，去离子水冲洗。

（5）化学活化。向适量去离子水中缓慢倒入 22mL 98% 硫酸配制成 200mL 水溶液。用镊子夹住已除油的铜片放入该溶液中，调节溶液温度为 30℃，10s 后取出，去离子水冲洗。

（6）电镀。将 267mL 赫尔槽用去离子水清洗干净并干燥后，加入 250mL 基础镀液，置于温度为 60℃ 恒温水浴锅中。用鳄鱼夹将阳极镍片接到赫尔槽的直角边处，活化的阴极铜片接到赫尔槽的斜边处。鳄鱼夹上连接导线，并接入直流稳压电源，输入 1A 的电流进行电镀。电镀 10min 后取出铜阴极片，用去离子水冲洗干净并干燥。

（7）加入添加剂。在 250mL 基础镀液中依次加入 0.25g 糖精、0.125g 苯亚磺酸钠、0.075g 镍光亮剂 XNF 和 0.025g 十二烷基硫酸钠，搅拌均匀后，重复（3）~（6）的实验步骤。

（8）引入搅拌。向赫尔槽中通入空气或惰性气体（如氮气或氩气），重复（3）~（6）的实验步骤。

（9）改变温度。将赫尔槽置于室温条件下，重复（3）~（6）的实验步骤。

5. 实验结果处理

（1）在赫尔槽的斜边处选取 5 个点，根据公式（4-3），计算不同实验条件下，各点处的电流密度 J_k，并绘制出 J_k-L 的关系曲线。

（2）观察不同实验条件下，铜片表面镍镀层的外观性质，并进行比较。

6. 思考与讨论

（1）赫尔槽实验的优点有哪些？

（2）从赫尔槽实验结果可以获得哪些有关电沉积结果的信息？

（3）赫尔槽实验结果和工业生产结果不一致时，应从哪些方面找原因？

实验 8　电化学镀铜实验

1. 实验目的

（1）理解金属表面电镀铜的基本原理和操作。

（2）掌握电镀液的选择原则和影响镀层质量的因素。

2. 实验原理

铜是一种富有延展性，易于机械加工的软金属，具有良好的导电和导热性。基于铜对水、盐溶液和酸溶液在没有溶解氧和还原气氛下稳定性良好的特点，镀铜层主要作为钢铁和其他镀层的中间层，广泛用于汽车、建材和日用电器等的防护装饰镀层。基于铜良好的导电和延展性能，镀铜在塑料金属化的中间镀层、印刷电路板、IC 封装技术以及超大规模集成电路芯片技术中具有极大的应用价值。除此之外，利用铜的高熔点以及碳与铜不能形成固溶体化合物的特性，镀铜膜还在热处理工程中用于钢铁的防渗碳等保护工艺。

电镀铜时所遵循的原理和发生的主要反应与电镀镍类似。在电场的作用下，正极在铜片上汲取电子，铜片因为失去电子而成为铜离子，而电子被电源输送到不锈钢片基体的表面附近，铜离子游离在电镀液中，同时不锈钢片基体表面聚集许多电子，电镀液中游离在不锈钢片基体表面的铜离子便与这些电子发生反应，被还原为铜单质在不锈钢片表面形成铜镀层。铜的电镀速度主要受电场强度、电极表面状态、铜离子的形态与结构以及溶液中络合离子传输的影响。这些因素对镀液和镀层的性能会产生较大影响。

以焦磷酸盐体系镀铜为例，在铜片阳极上，铜片失去电子后与焦磷酸根离子发生络合反应生成络合离子，另外，当阳极钝化时，有时会有氧气析出。其反应式如下：

$$\text{阳极反应：} Cu + 2P_2O_7^{4-} \longrightarrow [Cu(P_2O_7)_2]^{6-} + 2e^- \tag{4-4}$$

$$\text{有时会有氧气析出，即} 2H_2O - 4e^- \longrightarrow 4H^+ + O_2\uparrow$$

$$\text{阴极反应：} [Cu(P_2O_7)_2]^{6-} + 2e^- \longrightarrow Cu + 2P_2O_7^{4-} \tag{4-5}$$

$$\text{有时会有氢气析出，即} 2H^+ + 2e^- \longrightarrow H_2\uparrow$$

金属阳离子在电镀过程中沉积在阴极表面通常要经历以下三个过程：首先是在电解液内部的水化金属阳离子或者金属络合离子在电场的作用下都向电极界面迁移，抵达阴极的双电层溶液的一侧，这一过程称之为液相传质过程；其次是水化的金属离子或者金属络合离子通过双电层，同时脱掉周围的水化分子或者配体层，并且从阴极上得到电子还原成金属原子，此过程是电化学反应过程；最后是被还原的金属原子沿着金属表面扩散到结晶生长点，并且以金属原子的状态在晶格内部规则排列，由此可形成镀层。在电镀铜实验中，对镀铜层的基本要求为：对基体和它上面的镀层都有良好的结合力；镀层光亮、平整，均匀细致，镀层厚度分布均匀；有良好的柔韧性和延展性。对镀铜液的基本要求为：镀液具有良好的分散能力和覆盖能力以及光亮和整平能力；镀液电流密度使用范围宽，在宽电流密度范围内镀层分布均匀；镀液稳定，维护方便，对杂质的容忍度高。

本实验选用 316L 不锈钢片为工件，对其表面进行电化学镀铜。

3. 主要仪器和试剂

（1）实验仪器

超声波清洗机 1 台，电子天平 1 台，直流稳压电源 1 个，电热恒温水浴锅 1 个，恒温干燥箱 1 台，电镀槽 1 个，电极夹，游标卡尺，烧杯，玻璃棒，量筒，硬质钢刀，放大镜，硬度计等。

（2）实验试剂

316L 不锈钢片（30mm×10mm×5mm），氢氧化钠，磷酸钠，硅酸钠，三氧化铬，硝酸铁，氟化钠，磷酸，氟化氢铵，焦磷酸钾，磷酸氢二钾，焦磷酸铜，酒石酸钾钠，植酸，香兰素，柠檬酸，无水乙醇，去离子水等。所用试剂均为分析纯。

4. 实验步骤

（1）电化学镀铜的实验流程如图 4-4 所示。

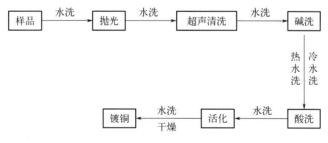

图 4-4　电化学镀铜实验流程

（2）抛光。按照实验 6 的实验步骤对不锈钢片进行电化学抛光。抛光完成后，在超声波清洗机中用乙醇清洗。

（3）碱洗。将 1.0g 氢氧化钠、1.5g 磷酸钠和 0.5g 硅酸钠溶于 50mL 去离子水中配制成碱洗液，放入 60℃的水浴锅中，将抛光好的不锈钢片放入其中，10min 后取出放入50℃去离子水中超声清洗3min，再放入去离子水中室温超声清洗3min。

（4）酸洗。将9.0g三氧化铬、2.0g硝酸铁和0.2g氟化钠放入50mL去离子水中配制成酸洗液，然后加入碱洗后的不锈钢片，在室温下超声酸洗2min，随后立即用去离子水超声清洗3min。

（5）活化。将10mL磷酸和4.5g氟化氢铵放入50mL去离子水中配制成活化液，将酸洗后的不锈钢片放入活化液中，在室温下超声活化3min，活化后放入去离子水中超声清洗3min。

（6）电镀铜。将15.0g焦磷酸钾和2.0g磷酸氢二钾溶解在50mL温度为50℃的去离子水中，然后加入3.0g焦磷酸铜、2.0g酒石酸钾钠、0.01g植酸、0.005g香兰素和0.1g柠檬酸，搅拌均匀后将溶液的pH调节为8～9，然后放入40℃水浴锅中，调节电源的电压和电流，使电压为2～4V，电流为0.02～0.04A，将不锈钢片连接阴极，铜片连接阳极，打开输出开关，计时30min后取出不锈钢片，用去离子水清洗后烘干。

5. 实验结果处理

（1）目测镀件表面镀层是否有裂纹、气泡、褶皱、麻点和露底等。

（2）将电镀前后的不锈钢片干燥后放置在电子天平上称重，使用游标卡尺记录不锈钢镀件电镀前后的尺寸，用显微硬度计测量镀件电镀前后4个不同区域的显微硬度，记录电镀前后的质量、尺寸及硬度。

（3）根据不锈钢片电镀铜前后的质量差，结合电镀铜所用时间、施加的电流，计算电镀铜的电流效率。其计算公式如式（4-6）所示：

$$\eta = \frac{\Delta m}{\frac{It}{zF} \times 63.55} \times 100\% \tag{4-6}$$

式中，Δm为电镀前后不锈钢质量差，g；I为电流强度，A；t为电镀持续时间，s；63.55为铜的相对原子质量；z为电子转移数；F为法拉第常数，96485C/mol。

（4）采用弯曲法、划痕法定性检验镀层与基体之间的结合力。

① 弯曲法：用手或钳子，分别将相同规格的电镀件、未电镀的基体金属薄片弯折成两个呈90°的面，再急剧地弯曲到另一边，反复弯曲，直至断裂。用肉眼或放大镜观察镀层是否脱落，若脱落则认为结合力不好。

② 划痕法：分别对电镀件、未电镀的基体金属片，用硬质钢刀刀尖划其表面。相距2mm一次性划若干条深达基体金属的平行划痕。再用同样的方法，划相互垂直、相同数目的划痕，用肉眼或者放大镜观察镀层是否起皮、脱落。若出现起皮或脱落现象，则认为结合力不好。

6. 思考与讨论

（1）镀件处理工艺中碱洗、酸洗和活化的目的分别是什么？

（2）影响电镀铜光亮度的因素有哪些？

（3）如何提高电镀铜工艺中的电流效率？

实验 9　铝的草酸阳极氧化实验

1. 实验目的

（1）掌握铝的草酸阳极氧化的基本原理。

（2）了解阳极氧化和封孔的工艺流程。

（3）了解影响铝阳极氧化程度的因素。

2. 实验原理

与钢铁材料相比，铝及铝合金具有质轻、易成型和耐腐蚀等特点，是产量和应用仅次于钢铁的金属材料。由于铝为阀金属（valve metal），在大气或者水溶液中可以自然地在表面形成一层附着性良好的钝态氧化膜，从而保护基体不易被外界腐蚀。但是这层钝态氧化膜较薄且为不规则多孔结构，强度以及硬度难以满足要求，为此常通过对铝合金表面的处理来改善其性能。阳极氧化技术是铝及铝合金最常见的表面处理技术，可以使表面获得性能优良的钝化膜。

常用的阳极氧化技术包括恒电压和恒电流阳极氧化。在阳极氧化过程中，金属铝片在电解液中作为阳极接到外接电源的正极上，阴极通常采用不易与酸反应的低电极电势金属，如 Pt 板、Al 板和不锈钢板等。大多数电解液以硫酸为主，在直流电通过时，电解液中发生反应，在阴极上放出氢气，即：

$$2H^+ + 2e^- \longrightarrow H_2 \tag{4-7}$$

而铝阳极上同时发生两种反应，铝表面生成氧化铝膜的电化学过程以及氧化铝膜不断被电解液中氢离子化学溶解的过程，即：

$$成膜过程：2Al + 3H_2O \longrightarrow Al_2O_3 + 6H^+ + 6e^- \tag{4-8}$$

$$膜溶解过程：Al_2O_3 + 6H^+ \longrightarrow 2Al^{3+} + 3H_2O \tag{4-9}$$

随着阳极上两种过程不断地进行，成膜速率大于膜溶解速率时，膜厚度不断地增加，使膜的生长速率不断地降低，直到两种过程达到动态平衡，即溶解速率和生成的速率相等时，此时膜的厚度达到一个定值。

在氧化过程的开始阶段，铝表面首先形成附着性良好且致密的氧化膜（非导电性薄膜），称之为阻挡层。随着阻挡层膜的厚度不断增加，阳极氧化膜的表面发生局部溶解，表面开始出现许多不规则的微孔凹点。当表面的膜层变得不规则时，电流密度也变得不再规律，在低谷的电流密度增加，而在高峰处的电流密度则降低，出现电化学溶解,这使得一部分低谷区域继续生长成为微孔,而另一部分低谷停止生长,这样逐渐形成了均匀的六角结构晶胞单元的多孔型阳极氧化膜。这种多孔型阳极氧化膜由于多孔层结构的表面活性大,所处环境中的侵蚀介质及污染物质会被吸附进入膜孔,从而降低氧化膜的耐腐蚀性、耐候性和耐污染性等性能,因此,必须对氧化膜进行封闭处理。常用的封闭处理方法有热水封闭、中温封闭、常温封闭和有机物封闭等。其中,热水封闭的本质是水合封孔,高温下通过氧化铝的水合反应,将非晶态氧化铝转化为水合氧化铝,发生的反应为:$Al_2O_3 + H_2O \longrightarrow Al_2O_3 \cdot H_2O$,水合氧化铝生成时,体积增大约33%,从而封闭氧化膜的孔隙,以提高氧化膜的性能。热水封闭时所用的水必须为温度在95℃以上的蒸馏水或去离子水。

本实验选用铝合金为工件,对其表面进行草酸阳极氧化和封闭处理。

3. 主要仪器和试剂

(1)实验仪器

300♯、500♯、800♯水砂纸,稳压稳(直)流电源1个,温度计1个,导线,万能表1个,玻璃棒,水浴锅,阳极氧化槽1个,真空干燥箱1台,超声波清洗机,TT230数字式覆层测厚仪1台,烧杯,量筒,剪刀等。

(2)实验试剂

铝片或铝合金,铅板,无水乙醇,去离子水,氢氧化钠,98%(质量分数)硫酸,硝酸,磷酸,草酸等。所用试剂均为分析纯。

4. 实验步骤

(1)铝合金草酸阳极氧化实验流程如图4-5所示。

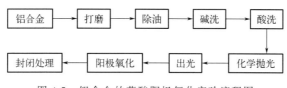

图 4-5 铝合金的草酸阳极氧化实验流程图

(2)打磨。用300♯、500♯和800♯水砂纸依次打磨铝合金表面至光亮平整,然后用去离子水冲洗干净。

(3)除油。将打磨好的铝合金放入无水乙醇中,超声清洗5min后用去离子水冲洗待用。

(4)碱洗。将12.0g氢氧化钠溶于200mL去离子水中配制成碱洗液。把除过油的铝合金于室温下放入碱洗液中,浸泡5min后取出铝合金,用去离子水冲洗待用。

(5)酸洗。向200mL去离子水中缓慢加入13mL硝酸配制成酸洗液。将碱洗过的铝合金于室温下放入酸洗液中,浸泡3min后取出铝合金,用去离子水冲洗待用。

（6）化学抛光。向 200mL 去离子水中依次缓慢加入 10mL 磷酸、8mL 98％硫酸和 2mL 硝酸配制成抛光液，放入 75℃的水浴锅中。将酸洗过的铝合金放入该抛光液中，抛光 2min 后取出铝合金，用去离子水冲洗待用。

（7）出光。向 200mL 去离子水中缓慢加入 30mL 硝酸配制成出光液。将化学抛光过的铝合金于室温下放入该出光液中，3min 后用去离子水冲洗干净。

（8）阳极氧化。向 500mL 去离子水中缓慢加入 13.5mL 草酸配制成电镀液，加入阳极氧化槽中至其容积的三分之二处。将出光过的铝合金作为阳极放入氧化槽中，阴极为铅板，亦放入氧化槽中。阴极和阳极用导线连接到稳压稳（直）流电源上，调节电源的输出电压为 40V，电流密度为 $1A/dm^3$，于室温下进行阳极氧化 5min 后取出铝合金，用去离子水冲洗待用。

（9）封闭处理。将阳极氧化后的铝合金放入沸腾的去离子水中进行封闭处理 40min，控制水的 pH 值在 6.0～7.5 之间。

（10）对比实验。①改变电源输出电压，使其在 30～60V 范围内变化，重复（2）～（9）的实验步骤；②改变电流密度，使其在 0.5～3.0A/dm³ 范围内变化，重复（2）～（9）的实验步骤；③改变氧化时间，使其在 20s～20min 范围内变化，重复（2）～（9）的实验步骤；④改变电镀液温度，使其在 15～35℃范围内变化，重复（2）～（9）的实验步骤。

5. 实验结果处理

（1）记录阳极氧化过程中槽内温度与电压随氧化时间的变化，将得到的数据导入 Origin 等绘图软件，以时间为横坐标，电压为纵坐标，绘制电压-氧化时间的关系曲线。

（2）测定氧化膜的厚度。使用 TT230 数字式覆层测厚仪测定氧化膜层的厚度，每个铝试件测得 7 个不同点的阳极氧化膜厚度，求得平均值作为该试样的膜厚值。

6. 思考与讨论

（1）铝的草酸阳极氧化与铝的硫酸阳极氧化产生的氧化膜有何异同？
（2）若使用混合酸进行阳极氧化，铝形成的氧化膜性能会如何变化？

实验 10　铝阳极氧化膜电解着色实验

1. 实验目的

（1）掌握铝阳极氧化膜着色的原理及其应用范围。

（2）掌握铝阳极氧化膜着色的研究方法和实验技能。

2. 实验原理

铝阳极氧化膜由无孔的阻挡层与多孔的表面层组成，其表面层为蜂窝状孔结构，孔径在纳米尺度并且可调，这使铝阳极氧化膜具有优秀的吸附能力，且吸附量相当大，最高可达膜自身体积的 10 倍。此外，铝阳极氧化膜还具有耐腐蚀和绝缘性能。孔结构的存在亦使氧化膜变得疏松，导致膜的硬度降低，大约只有纯铝的三分之一。然而，阳极氧化膜与基底铝的黏合强度很强，即使膜层与基底一起弯曲到开裂程度，它也与基底铝保持良好的黏合。但是，氧化膜具有小的可塑性和大的脆性。当膜层承受大的冲击载荷和弯曲变形时，便有可能出现裂缝，这会削减膜的防护功能。因此，氧化膜不适合在机械作用下使用，但可以用作涂料层的底层。

利用铝阳极氧化膜的多孔性，可通过合适的工艺对膜表面进行化学染色和电解着色，起到一定的防护效果和装饰功能。铝阳极氧化着色膜的防护性能主要由其组成、结构和制备工艺决定，而装饰效果则主要受着色方法影响，着色方法的选择应考虑氧化膜的结构。电解着色是把铝阳极氧化膜置于金属盐溶液中进行二次电解。金属离子在电场力的作用下在铝阳极氧化膜的微孔内以金属单质或其氧化物的形式还原沉积，由于微孔内的金属单质或其氧化物对光的散射作用，从而使着色膜显色。这种着色方法得到的膜层具有良好的耐腐蚀性能和使用寿命长的优点，在室外装饰上得到了很好的应用。

电解着色的过程有三步：①金属离子和氢离子等反应物离子向阻挡层表面附近扩散；②金属离子在阻挡层和着色液界面之间获得电子，氢离子穿入阻挡层，在基体和阻挡层界面间获得电子；③析出金属和生成氢气。金属离子在阴极的还原沉积反应为：$M^{n+} + ne^- \longrightarrow M$；与此同时，氢离子在阴极发生放电反应生成氢气：$2H^+ + 2e^- \longrightarrow H_2$。由于电解着色溶液中金属离子和氢离子共存，电解着色过程也可认为是金属离子和氢离子的竞争放电过程。电解着色工艺能创造金属优先放电的必要条件，尽量抑制氢离子的放电，以保证电解着色的顺利进行。

电解着色使用的金属盐主要有镍盐、铜盐、锡盐和混合盐等。不同的金属盐电解着色时呈现出不同的色调。其中，镍盐电解着色具有着色速度快、槽液稳定性好等特点，适用于大规模自动生产线。将铝阳极氧化得到的氧化膜置于含镍溶液中进行二次电解，Ni^{2+} 在铝阳极氧化膜的微孔内以 Ni 单质或其氧化物 NiO 的形式还原沉积，通过改变电解模式和电压等条件，可以明显地观察到氧化膜颜色发生变化。

本实验以 1050 铝合金为工件，对其先进行硫酸阳极氧化，在其表面得到一层氧化膜，后对氧化膜进行镍盐电解着色并水热密封。用电化学阻抗谱（EIS）和线性扫描伏安（LSV）曲线研究着色后氧化膜的电化学行为，评估着色效果。

3. 主要仪器和试剂

（1）实验仪器

交直流稳压电源 1 个，导线，鳄鱼夹，脱脂棉，恒温水浴锅 1 台，饱和甘汞电极 1 个，铂电极 1 个，电化学工作站 1 台等。

（2）实验试剂

1050 的铝合金基底，铅板，镍板，无水乙醇，碳酸钠，磷酸钠，氯化钠（0.51mol/L），98%（质量分数）硫酸，醋酸镍，硼酸，硫酸镁，硫酸铵，硫酸镍，去离子水等。所用试剂均为分析纯。

4. 实验步骤

（1）铝的阳极氧化膜着色实验流程如图 4-6 所示。

图 4-6　铝阳极氧化膜着色工艺流程

（2）表面预处理。用脱脂棉蘸取无水乙醇擦拭铝合金表面，再用清洁的棉布擦拭几次。将 1.9g 碳酸钠和 3.9g 磷酸钠溶解于 300mL 去离子水中配成碱液，放入擦拭过的铝合金，调节溶液温度为 93℃，5min 后取出铝合金，用去离子水冲洗待用。

（3）阳极氧化。向 300mL 去离子水中缓慢加入 25mL 98%硫酸配制成电镀液。室温下，将预处理过的铝合金作为阳极放入电镀液中，铅板作为阴极亦放入电镀液中。用导线将阳极和阴极接入交直流稳压电源上，调节电源输出电压为 20V 进行阳极氧化，40min 后取出铝合金，用去离子水冲洗待用。

（4）电解着色。将 8.8g 硫酸镍、5.9g 硼酸、6.1g 硫酸镁和 5.9g 硫酸铵溶解于 300mL 去离子水中配制成电解液。室温下将阳极氧化后的铝合金作为阴极放入电解液中，镍板作为阳极亦放入电解液中，用导线将阴极和阳极接入交直流稳压电源中，调节电源输出频率为50Hz，交流电压为10～25V，10min后取出铝合金，用去离子水冲洗待用。

（5）水热密封。将1.0g醋酸镍和1.5g硼酸溶解于300mL去离子水中配成溶液，调节溶液温度为98℃，并将电解着色后的铝合金放入该溶液中，密封25min后取出待用。

（6）电化学测试。以水热密封过的铝合金为工作电极（暴露表面积为0.79cm²），饱和甘汞电极为参比电极，铂电极为对电极，0.51mol/L氯化钠溶液为电解液，使用电化学工作站，采用三电极体系测量EIS和LSV。EIS测试前，先将铝合金在电解液中浸泡20min，然后在20mV的正弦交流电压，5mV交流振幅和0.1～10kHz测试频率范围条件下进行测试。LSV的测试在EIS测试之后进行。EIS测试的电势窗口为-1.6～0V，扫描速率为5mV/s。

5. 实验结果处理

（1）将得到的EIS数据导入Origin等绘图软件，绘制电压-氧化时间的关系曲线和EIS曲线，利用ZView软件拟合EIS曲线的等效电路图。

（2）将得到的LSV数据导入Origin等绘图软件，以电压为横坐标，电流密度为纵坐标，绘制LSV曲线。

6. 思考与讨论

（1）影响铝阳极氧化膜电化学着色的因素有哪些？

（2）如何使用电化学阻抗谱和线性扫描伏安曲线判断铝阳极氧化膜电解着色的效果？

实验 11　金属电化学腐蚀与防护实验

1. 实验目的

（1）了解金属电化学腐蚀的原理与金属防护的相关知识。

（2）掌握金属电化学防腐的研究方法和实验技能。

2. 实验原理

金属表面由于外界介质的化学或电化学作用而造成损坏或变质的过程叫金属腐蚀。金属腐蚀分为化学腐蚀和电化学腐蚀两种形式，二者的共同点是金属的价态升高而介质中的原子价态降低。相比较而言，电化学腐蚀更为常见，危害更大。在电化学腐蚀体系（金属和腐蚀介质）中，金属的阳极反应使其不断被破坏，并且金属本身起着短路作用，无法输出电能，那么腐蚀系统内的化学能以不可逆的方式全部转化为热能而耗散，这种导致金属材料表面被破坏的短路原电池称为电化学腐蚀电池。当含有杂质的金属浸入溶液介质，由于金属的电势与杂质的电势不同，构成了以金属和杂质为电极的许多肉眼不可识别的微观腐蚀电池。由此可知，腐蚀电池形成的条件包括：①要有阴极和阳极；②阴极和阳极之间必须存在电势差，以便进行氧化还原反应；③阴极和阳极之间必须要有电子的流通道路；④阴极和阳极在同一导电介质中。因此，可以从这四个方面着手，阻断腐蚀的发生，只要阻止了其中一个，则腐蚀就无法进行。

目前，金属电化学防腐方法有缓蚀剂保护法、金属镀层法、阳极保护法和阴极保护法等。缓蚀剂保护法主要利用有机分子通过物理或化学作用吸附到金属表面形成单分子层或多分子层吸附膜，将金属与腐蚀环境隔开。金属镀层法是通过电镀在需要保护的金属表面涂一层惰性的金属或合金作为保护层。阳极保护法是指金属表面采用电化学方法进行极化处理，使表面变为不活泼态的过程。阴极保护法通过金属阴极极化，使其电势足够负，不被氧化而实现保护。实现阴极极化的一条重要途径是牺牲阳极法，即以在金属基体上附加比被保护的金属电极电势更低的金属作为阳极（常用的金属材料有锌、镁和铝等）。在电解质中形成原电池，被保护金属基体成为阴极，活泼金属则是阳极，阳极不断被氧化和溶解，从而实现保护。

以碳钢（含铁）在酸性介质中的电化学腐蚀为例，遵循三个基本过程：①阳极过程：铁发生溶解，产生重量变化，以 Fe^{2+} 形式转入溶液，并把电子留在金属上；②电子通过电路从阳极迁移至阴极；③阴极过程：溶液中的去极化剂（通常为 H^+ 或 O_2）接受从阳极迁移过来的电子，本身被还原，发生的电化学反应如下：

$$阳极反应：Fe \longrightarrow Fe^{2+} + 2e^- \qquad (4\text{-}10)$$

$$阴极反应：2H^+ + 2e^- \longrightarrow H_2 \qquad (4\text{-}11)$$

采用牺牲阳极法保护碳钢时，常选锌作为牺牲阳极的材料，此时，在酸性介质中，锌与铁形成了原电池，仍遵循上述电化学腐蚀的三个基本过程。不同的是，由于锌的电极电势比铁的电极电势低，因此，锌作为阳极被溶解，发生重量变化，而铁作为阴极得到了保护。

$$阳极反应为：Zn \longrightarrow Zn^{2+} + 2e^- \qquad (4\text{-}12)$$

本实验以铁片为研究对象，将其放入酸溶液中，观察铁片的电化学腐蚀行为，然后选用锌片作为阳极采用牺牲阳极保护法对铁片进行防护实验。并通过重量法计算铁片和锌片的腐蚀速率，以评估铁片被腐蚀和被保护的效果。

3. 主要仪器和试剂

（1）实验仪器

电子天平 1 台，游标卡尺，量筒，烧杯，玻璃棒，砂纸，导线，脱脂棉，胶头滴管等。

（2）实验试剂

铁片，铜片，锌片，98%（质量分数）硫酸，无水乙醇，去离子水。所用试剂均为分析纯。

4. 实验步骤

（1）金属电化学腐蚀与防护实验流程如图 4-7 所示。

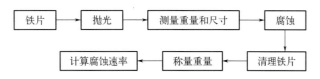

图 4-7　金属电化学腐蚀与防护实验工艺流程

（2）铁片电化学腐蚀

① 抛光：使用砂纸将铁片和铜片的表面打磨光亮，然后用脱脂棉蘸取无水乙醇擦拭其表面。烘干后用游标卡尺测量铁片的长度、宽度和厚度，在电子天平上称量铁片的重量。

② 腐蚀：向 60mL 去离子水中缓慢加入 1.6mL 98%硫酸配制成电解液，室温下将抛光过的铁片和铜片悬挂于该电解液中，此时，铁片与铜片形成原电池，铁片为阳极，铜片为阴极。60min 后将铁片从电解液中取出，立刻用去离子水和无水乙醇依次

冲洗其表面，烘干后用游标卡尺测量铁片的长度、宽度和厚度，并用电子天平称量铁片的重量。

（3）铁片防护（牺牲阳极保护法）

① 抛光：使用砂纸将铁片和锌片的表面打磨光亮，然后用脱脂棉蘸取无水乙醇擦拭其表面，烘干后用游标卡尺测量两者的长度、宽度和厚度，并在电子天平上称量铁片和锌片的重量。

② 牺牲阳极保护：向 60mL 去离子水中缓慢加入 1.6mL 98％硫酸配制成电解液，室温下将抛光过的铁片和锌片悬挂于该电解液中，此时，铁片与锌片形成原电池，锌片为阳极，铁片为阴极。60min 后将铁片和锌片从电解液中取出，立刻用去离子水和无水乙醇依次冲洗其表面，烘干后用游标卡尺测量铁片和锌片的长度、宽度和厚度，并用电子天平称量铁片和锌片的重量。

5. 实验结果处理

（1）根据实验前后测量的铁片和锌片的长度、宽度和厚度，判断两者发生电化学腐蚀的情况。

（2）根据实验前后铁片和锌片的重量，依据重量法计算两者的腐蚀速率，计算公式如式(4-13) 所示：

$$V_{失} = (m_0 - m_1)/St \tag{4-13}$$

式中，$V_{失}$ 为金属的腐蚀速率，$g/(m^2 \cdot h)$；m_0 为金属腐蚀前的质量，g；m_1 为金属腐蚀后的质量，g；S 为金属的面积，m^2；t 为电极片的腐蚀时间，h。

注意：重量法求得的腐蚀速率是均匀腐蚀的平均腐蚀速率，它不适用于局部腐蚀的情况，并且没有考虑金属的密度，因此不适用于相同介质中不同金属材料的腐蚀速率比较。本实验中仅适用于测量铁片的腐蚀速率。测量腐蚀速率的方法还有增重法，请读者自行查阅资料。

6. 思考与讨论

（1）重量法测量金属腐蚀速率的误差来源有哪些？影响腐蚀速率的主要因素是什么？

（2）为什么锌片连接碳钢后能防止碳钢腐蚀？金属怎样才能得到有效保护？

第 5 章

化学电源

实验 12　铅蓄电池的制备与性能测试

1. 实验目的

（1）了解铅蓄电池的工作原理和基本构造。

（2）掌握铅蓄电池的充放电性能测试和容量计算方法。

2. 实验原理

铅酸蓄电池（简称铅蓄电池）是由法国物理学家 Gaston Plante 于 1859 年发明的，根据其构造方法可分为浸没式（或通风式）和密封式两种类型。铅蓄电池在充电过程中会发生水在电极上电解产生氢气和氧气，虽然这些气体可以从浸没的电池中逸出，但是密封电池的构造使气体能够被容纳和重新组合。应该注意的是，氢气在空气中最低爆炸极限的体积分数仅为 4%。浸没式电池是指电极/极板浸入电解液中的电池。由于充电过程中产生的气体会被排放到大气中，这就需要间歇式添加蒸馏水，将电解液恢复到所需的水平。密封铅蓄电池的设计使充电过程中产生的氧气被捕获并在铅蓄电池中重新组合，这被称为氧复合循环。只要充电速率不太高，就可以正常工作；如果充电速率过高可能导致壳体破裂、热失控或内部机械损坏。

传统的铅蓄电池是将 $PbSO_4 \mid Pb$ 电极和 $PbSO_4 \mid PbO_2$ 电极浸入硫酸溶液中，得到了一个高电动势的化学电源。铅蓄电池正负电极的反应都涉及到相同元素 Pb，在正极（阴极），二氧化铅和硫酸反应生成硫酸铅和水［式(5-1)］，在负极（阳极），铅与硫酸氢根离子反应生成硫酸铅［式(5-2)］。电极反应和电池反应表达式正向过程表示放电，逆向过程表示充电。

$$正极：PbO_2 + 3H^+ + HSO_4^- + 2e^- \Longrightarrow PbSO_4 + 2H_2O \tag{5-1}$$

$$负极：Pb + HSO_4^- \Longrightarrow H^+ + 2e^- + PbSO_4 \tag{5-2}$$

$$电池反应：Pb + PbO_2 + 2H_2SO_4 \Longrightarrow 2PbSO_4 + 2H_2O \tag{5-3}$$

该反应也被称为双硫酸盐反应。反应通过溶解/沉淀机制发生，而不是某种固态离子的传输和成膜机制，其中 Pb^{2+} 会重新沉淀到电极表面。由于 Pb^{2+} 仅仅微溶于硫酸，因此可以在电池充放电过程中保持较好的多孔结构。铅电极的放电和充电可分别视为稀铅离子溶液的阳极溶解和阴极电镀过程。在充满电的铅蓄电池中，负极由海绵 Pb 组成，负极在放电期间向外部电路（或负载）提供电子，正极由 PbO_2 组成，正极在放电过程中接受来自负载的电子。应注意的是，电池中的电极必须由不同的材料制成，否则电池将无法产生电动势，从而没有电流产生。电解液通过向正极和负极提供离子来完成铅蓄电池的内部电路，稀硫酸是铅蓄电池的电解液。

本实验按照一定的工艺流程组装铅蓄电池，并对电池进行充放电测试。

3. 主要仪器和试剂

（1）实验仪器

烘箱 1 台，稳压直流电源 1 个，电流表 1 个，万用表 1 个，滑线变阻器，电子天平 1 台，量筒，直刀，不锈钢杯，刮刀，比重计，和膏机，涂片板，极板，聚丙烯板，涂板台，板栅，6V 蓄电池外壳，垫布，辊压机 1 台，电池充放电综合测试仪 1 台等。

（2）实验试剂

超细玻璃纤维隔膜，短纤维，腐殖酸，铅粉，硫酸（$1.25g/cm^3$，$1.05g/cm^3$），硫酸钡，蒸馏水。所用试剂均为分析纯。

4. 实验步骤

（1）铅蓄电池的制备实验流程如图 5-1 所示。

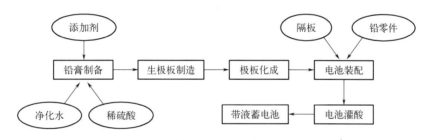

图 5-1　制备铅蓄电池的实验流程图

（2）铅膏制备

正极板铅膏：将 1000g 铅粉加入和膏机中，干混均匀后快速加入分散有 0.5g 短纤维的 110mL 蒸馏水，搅拌 10～20min，缓慢加入 120mL 密度为 $1.25g/cm^3$ 的硫酸，继续搅拌 20min。测量铅膏的温度和表观密度，如正极板的表观密度达不到 4.0～$4.1g/cm^3$，则加入蒸馏水调整并搅拌 10min，使其达到要求的表观密度，并且使整个过程的温度低于 40℃。

负极板铅膏：在和膏机中加入 1000g 铅粉、8g 硫酸钡和 10g 腐殖酸，干混均匀后快速加入分散有 0.5g 短纤维的 110mL 蒸馏水，搅拌 10～20min，缓慢加入 120mL 密度为 $1.25g/cm^3$ 的硫酸，连续搅拌 20min 后观察负极板的表观密度，若负极板的表观密度达不到 4.2～$4.4g/cm^3$，则添加蒸馏水调整。将制备好的铅膏放在容器中，盖好盖子防止水分蒸发，静置，待铅膏降至室温后再使用。

注意：正负极铅膏的制备分别在不同的和膏机中进行，否则负极铅膏将会污染正极铅膏。

铅膏表观密度的测量方法：取适量的铅膏放入容积为 $100cm^3$ 的不锈钢杯中，并在平板上不断地振动使铅膏填充不锈钢杯的内部至无空隙和气泡，重复进行直至铅膏充满不锈钢杯。然后用直刀沿着杯口刮去多余的铅膏，擦干外部，在天平上称出总重量，按下列公式计算表观密度（D）：

$$D = (m_2 - m_1)/V \tag{5-4}$$

式中，m_2 为不锈钢杯和铅膏的质量，g；m_1 为不锈钢杯的质量，g；V 为不锈钢杯的体积，cm^3。

（3）涂板

取一条带有明显纹路的垫布，用蒸馏水浸湿，挤出部分水分后，平铺在涂板台上，将板栅平整地放在垫布上面。取一定量的铅膏，用刮刀把铅膏均匀地填涂在板栅网格内并刮平。在涂膏时板栅两面必须要涂均匀，不能有栅格露筋和小坑。涂好一面后，取另一块垫布覆盖，在其上面覆盖一层涂片板，然后反转板栅，去掉这一面的涂片板和垫布，在这面的板栅网格内均匀地涂覆铅膏并刮平，涂膏时两面用力，轻重必须一致。取下涂好的极板，盖上垫布用滚压机施加适当的压力滚压，去除垫布后得到有清晰花纹的涂覆极板。

（4）极板浸酸

将上述涂抹好铅膏的极板放入密度为 $1.05g/cm^3$ 的硫酸溶液中浸渍 10s，将残存的少许硫酸液滴擦干后放在搁片架上，进行极板的固化和干燥。

（5）极板的固化和化成

将处理好的极板放在 40℃ 的烘箱中干燥，为避免极板表面的水分挥发过快导致极板开裂，用湿布将极板包好。干燥固化 24h 后，得到的主要产物是 $3PbO \cdot PbSO_4 \cdot H_2O$。这种固化条件下得到的生极板，初期容量、机械强度以及活性物质与板栅结合的牢固程度都较好。

采用电池外化成的方式对极板进行化成。将正极板与直流电源的正极相接，负极板与直流电源的负极相接，用电化学方法使正极板上的活性物质发生阳极氧化生成 PbO_2，同时，负极板上发生阴极还原生成海绵状铅。固化干燥后的极板在 $1.05g/cm^3$ 的 H_2SO_4 溶液中，恒流 500mA 条件下充电 14h，静置 2min 后再恒流 200mA 允电 12.5h 进行化成。将处理好的极板干燥后降至常温。

（6）电池的组装

电池采用三个正极板和四个负极板的结构，将玻璃纤维隔膜裁剪至与正负极板大小相当，放在正负极板之间将它们隔开。极板装槽后，将固化好的正极板和负极板的极耳焊接。然后装到电池外壳中，注入足量的硫酸作为电解液，加盖密封。用聚丙烯板作为隔板来提供电池极板间的装配压力，以确保密封后氧气能在内部循环。

（7）电池的充放电测试

在室温为 25℃ 的环境中，利用电池充放电综合测试仪给铅蓄电池以 0.3A 的电流充电。当两端电压为 7.2V 时可认为充电完全，一般不超过 7.5V。

在电池额定容量为 6A·h 时进行放电至电压为 4.8V，记录电池在整个放电过程中电压的变化，并记录总的放电时间。

5. 实验结果处理

（1）根据实验数据绘制电池充放电曲线，计算放电 1h 时电池的实际容量。计算公式如下：

$$C_r = It \tag{5-5}$$

式中，C_r 为实际容量，A·h；I 为放电电流，A；t 为放电持续时间，h。

（2）计算铅蓄电池放电 1h 时活性物质的利用率。

6. 思考与讨论

（1）铅蓄电池制作过程和放电中应注意哪些问题？

（2）影响铅蓄电池寿命的因素有哪些？阐明铅蓄电池长时间使用后容量降低的原因。

（3）本实验采用的是外化成工艺，是否可以采用内化成工艺？哪种类型的化成工艺更适用于工业生产？

实验 13 镍氢电池的制备及其电化学性能测试

1. 实验目的

（1）了解镍氢电池的工作原理和性能指标。

（2）掌握电极的制备方法和电池装配原理。

（3）掌握电池电化学性能的测试方法。

2. 实验原理

镍氢电池是一种性能良好的蓄电池，作为氢能源应用的一个重要方向引起越来越多的关注，被广泛应用于民用通信、便携式设备和电动工具等的电源。镍氢电池正极的活性物质为 $Ni(OH)_2$，负极为储氢合金，电解液为辅加有氢氧化锂或氢氧化钠的氢氧化钾溶液，正负电极用隔膜分开。镍氢电池充电时，正极中 $Ni(OH)_2$ 和 OH^- 反应生成 $NiOOH$ 和水，同时释放出电子，而负极的金属则同水和电子反应生成金属氢化物和 OH^-，放电过程与此相反。充放电化学反应如下：

$$正极：Ni(OH)_2 + OH^- \rightleftharpoons NiOOH + H_2O + e^- \tag{5-6}$$

$$负极：M + xH_2O + xe^- \rightleftharpoons MH_x + xOH^- \tag{5-7}$$

$$总反应：Ni(OH)_2 + M \rightleftharpoons NiOOH + MH \tag{5-8}$$

根据法拉第定律，正极活性物质理论用量为 $m(g) = 3600MQ/nF$。式中，M 为摩尔质量；n 为电极反应过程中得失电子数；Q 为所设计电池容量，$A \cdot h$；F 为法拉第常数（$F = 96500C/mol$）。由于实际过程中要考虑利用率等因素，实际用量要比计算值多 $10\% \sim 20\%$。负极活性物质用量考虑电池充电后期产生过量气体的影响，要比正极过量 10% 以上。

根据充放电电极反应不难看出，镍氢电池充电时，电解液中释放出来的氢离子会被储氢合金吸收，避免形成氢气，以保持电池内部的压力和体积。当电池放电时，这些氢离子便会经由相反的过程而回到原来的地方。正负电极活性物质在反应过程中的稳定性、反应活性以及影响活性物质发挥作用的其他因素，包括制备电极时的辅助添加剂和黏结剂，组装电池时使用的电解液、隔膜和密封材料等均会影响电池的性能。

正极活性物质 $Ni(OH)_2$ 的制备采用化学沉淀法，基本反应式为：

$$Ni^{2+} + 2OH^- \rightleftharpoons Ni(OH)_2 \downarrow \qquad K_{sp} = 2.02 \times 10^{-15} \tag{5-9}$$

$Ni(OH)_2$ 是一种难溶化合物，溶度积（K_{sp}）很小，很容易达到过饱和。根据结晶学原理，结晶生成要经过两个阶段，即晶核形成和晶体长大。如果晶核形成速率过快，晶体的长大速度就会变慢或接近停止，则生成胶体沉淀而得不到理想的结晶材料。对于 $Ni(OH)_2$ 而言，由镍盐与碱直接反应来制备 $Ni(OH)_2$ 的过程若不加以有效的控制，会导致 $Ni(OH)_2$ 的过饱和度过高而得到大量的晶核，从而限制晶体的长大。为了有效控制 $Ni(OH)_2$ 的晶核生成速率与晶体长大速度，在 Ni^{2+} 与碱直接反应过程中加入了氨水。由于氨水的存在，反应体系中的 Ni^{2+} 与 NH_3 先形成镍氨络合离子，再与 OH^- 反应生成 $Ni(OH)_2$。反应式表示如下：

$$Ni^{2+}+xNH_3 \cdot H_2O \rightleftharpoons [Ni(NH_3)_x]^{2+}+xH_2O \ (x=1\sim6)$$

$$[Ni(NH_3)_x]^{2+}+2OH^- \rightleftharpoons Ni(OH)_2 \downarrow +xNH_3 \qquad (5\text{-}10)$$

由于氨水的加入，生成 $Ni(OH)_2$ 的反应历程发生了改变，由 Ni^{2+} 与 OH^- 直接反应变为镍氨络合离子与碱发生反应，最终得到结晶致密的球形 β-$Ni(OH)_2$。

本实验以 $Ni(OH)_2$ 活性材料为正极，储氢合金为负极，组装成电池后进行循环伏安（CV）测试和恒流充放电（GCD）测试，评估其电化学性能。

3. 主要仪器和试剂

（1）实验仪器

电化学工作站 1 台，电池充放电仪 1 台，点焊机 1 台，压片机 1 台，磁力搅拌器 1 台，pH-25 型精密酸度计 1 个，电子天平 1 台，表面粒径仪 1 台，烘箱 1 台，超声波清洗仪 1 台，烧杯，量筒等。

（2）实验试剂

硫酸镍，氢氧化钠，浓氨水，盐酸，镍条，储氢合金粉，Celgard 2400 聚丙烯隔膜，聚四氟乙烯、羧甲基纤维素，泡沫镍，Ni 粉，氢氧化钾电解液（6mol/L）。所用试剂均为分析纯。

4. 实验步骤

（1）$Ni(OH)_2$ 的制备

$Ni(OH)_2$ 的制备方法有很多种，本实验以液相化学沉淀法为基础，利用氨水作络合剂，通过控制适宜的结晶条件来制备球形 $Ni(OH)_2$。制备 $Ni(OH)_2$ 的实验流程如图 5-2 所示。

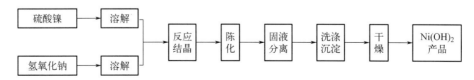

图 5-2　制备 $Ni(OH)_2$ 的实验流程图

具体实验过程：将 14.13g 硫酸镍溶于蒸馏水中配制成浓度为 0.5mol/L 的硫酸镍水溶液 100mL，将 4.32g 的氢氧化钠溶解于蒸馏水中配制成浓度 1.0mol/L 的氢氧化钠水溶液 100mL。将浓氨水（20.4mL）按 6∶1 的比例加入到硫酸镍溶液中，搅拌均匀，然后在搅拌过程中缓慢加入氢氧化钠溶液，将溶液的 pH 值调节到大于 10，使 $Ni(OH)_2$ 沉淀在母液中，陈化 10～14h 后测定体系的 pH 值。将所得沉淀物过滤，使用蒸馏水多次洗涤，然后在 100℃ 的烘箱中干燥 5～8h，研磨得到流动性好的球形 $Ni(OH)_2$。

（2）正负极板和隔膜的裁剪

将泡沫镍裁剪成约 3cm×2.5cm 大小，将镍条裁剪成长度为 2cm 的片段，用点焊机将裁剪好的泡沫镍和镍条焊接到一起，称重。再根据泡沫镍的大小，剪出比泡沫镍略大的聚丙烯隔膜。

（3）正负极板的制备

① 正极板的制备

将 2.0g $Ni(OH)_2$ 固体粉末、0.12g 聚四氟乙烯、0.08g 羧甲基纤维素和 0.1g Ni 粉混合均匀，加入约 3mL 的水调制成浆，然后均匀涂覆在泡沫镍上，在 100℃ 的烘箱中烘干，取出后用保鲜膜包好并用压片机进行压片，称重，以备后续计算电极的放电比容量。

② 负极板的制备（本部分可以以班为单位制备）

将 2.0g 储氢合金粉、0.08g 羧甲基纤维素和 0.12g 聚四氟乙烯混合，加入约 3mL 的水调制成浆，然后均匀涂覆到泡沫镍上，在 100℃ 的烘箱中烘干，取出后用保鲜膜包好并用压片机进行压片，称重，以备后续计算电极的放电比容量。

（4）电池的组装

在负极板和正极板中间加入聚丙烯隔膜，放入烧杯中，加入 50mL 6mol/L 的氢氧化钾电解液，电池组装完成后进行性能测试。

（5）电池充放电测试

采用电化学工作站对电池进行 CV 测试和 GCD 测试。CV 测试的电压范围为 0.4～1.6V，扫描速率范围为 5～50mV/s。GCD 测试的电压范围为 0.8～1.5V，电流范围为 0.002～0.004A，测试温度均为 25℃。

5. 实验结果处理

（1）将 CV 数据导入 Origin 等绘图软件，以电极电势为横坐标，电流密度为纵坐标，绘制 CV 曲线。

（2）将 GCD 数据导入 Origin 等绘图软件，以时间为横坐标，电极电势为纵坐标，绘制 GCD 曲线。

6. 思考与讨论

（1）镍氢电池和镍镉电池相比有何优缺点？

（2）镍氢电池在制备和使用过程中存在哪些可能的安全隐患？

（3）锂离子电池电解液和镍氢电池不同的原因是什么？

实验 14　正极用锰酸锂的制备及其锂电性能测试

1. 实验目的

（1）了解高温固相法制备锰酸锂的实验流程。

（2）掌握锰酸锂脱嵌锂的机理。

（3）掌握锂离子扣式电池的组装方法。

2. 实验原理

锂离子电池具有比能量高、比功率大和循环寿命长等特点，是继铅蓄电池和镍镉电池之后飞速发展的新一代电池产品。锂离子电池充电过程由外部电路的外加电压控制，锂离子从正极脱离，穿过隔膜运动到锂离子电池的负极，在电池负极上产生电子的聚集形成净电荷，电子经外电路从正极流向负极，正负极间产生电流，完成电池的充电过程。放电过程则为充电过程的逆过程，在放电过程中，正极端与锂离子的结合力大于负极端，锂离子从负极中脱出，透过隔膜迁移进入电池的正极端与正极材料反应生成锂化合物，正极负电荷减少，负极多余的电子沿着电池的外电路回到正极和锂离子相结合，从而在外电路形成了电流，维持整体的电中性。

正极材料在锂离子电池的使用及安全性能上起着重要作用，其生产成本也是锂离子电池量产的重要因素。锰酸锂（$LiMn_2O_4$）因其资源丰富、化学电位高和安全性高等优点而备受青睐，成为新一代锂离子电池的正极材料。锰酸锂通常采用 MnO_2 和 Li_2CO_3 为原料，配以相应的添加剂，经过高温焙烧制备而成，制备过程无毒害，不产生废水和废气，对环境影响小。使用尖晶石结构的锰酸锂作为锂离子电池的正极材料，Li^+ 可自由地从正极和负极材料中脱出和嵌入。在充电过程中，Li^+ 从正极脱嵌，经过电解质嵌入负极，因此正极上发生氧化反应而失去电子，正极处于贫锂态，负极发生还原反应而得到电子，负极处于富锂态。在放电过程中，Li^+ 从负极上脱嵌，经过电解质溶液、隔膜流入正极，此时正极处于富锂态，负极处于贫锂态。

锰酸锂电极反应原理如下：

$$充电过程：LiMn_2O_4 \longrightarrow Li_x Mn_2O_4 + (1-x)Li^+ + (1-x)e^- \quad (5\text{-}11)$$

$$放电过程：Li_x Mn_2O_4 + (1-x)Li^+ + (1-x)e^- \longrightarrow LiMn_2O_4 \quad (5\text{-}12)$$

锂离子电池在不同应用领域和使用条件下具有不同的形态，常见的有纽扣式、方形和圆柱形等形态，其内部基本组成结构都是相同的，均由电池壳和电芯构成，其中电芯由正负极材料、隔膜和电解液组成。实验室为了便于操作，通常采用纽扣式电池壳组装并进行电化学测试。电池的核心部分为电芯，即电池的正负极，在充放电过程中极片上的活性物质发生可逆的氧化还原反应，将电能储存或释放出来。因此，锂离子电池的性能主要取决于电极上活性物质进行的化学反应。

本实验以锰酸锂电极片为研究电极，锂片为对电极，组装成纽扣电池（也称扣式电池）后对电池进行倍率和循环稳定性能测试、循环伏安（CV）测试和电化学交流阻抗谱（EIS）测试，评估其锂电性能。

3. 主要仪器和试剂

（1）实验仪器

电子天平1台，压片机1台，真空手套箱1台，球磨机1台，马弗炉1台，玻璃板，真空干燥箱1台，刮刀1个，切片机1台，电池封装机1台，电池测试系统1套，电化学工作站1台等。

（2）实验试剂

碳酸锂，二氧化锰，无水乙醇，导电炭黑，乙炔黑，聚偏氟乙烯，N-甲基吡咯烷酮，电解液（1mol/L LiPF$_6$-碳酸乙烯酯/碳酸二甲酯，体积比为1:1），Celgard 2400聚丙烯隔膜，金属锂片，扣式电池壳。所用试剂均为分析纯。

4. 实验步骤

（1）锰酸锂的制备

将0.369g碳酸锂和1.739g二氧化锰（Li和Mn的摩尔比为1:2）放入玛瑙研钵中，加入适量乙醇研磨，待乙醇挥发完全后，将研磨好的混合物转移至50mL的球磨罐中，球磨4h（球料比为4:1，转速为800r/min）。将球磨好的粉体转移至坩埚，在马弗炉中以5℃/min的速率升温到720℃，在720℃恒温焙烧4h后打开炉子数分钟以补充炉中氧气，然后继续焙烧4h，待马弗炉冷却至室温后取出样品，得到黑色锰酸锂粉末。锰酸锂制备的实验流程如图5-3所示。

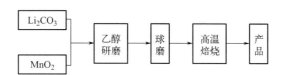

图5-3 锰酸锂制备的实验流程图

（2）电极片制备

在洁净的玻璃板上固定好铝箔集流体，使粗糙面朝上。将活性物质、导电炭黑、乙炔黑和聚偏氟乙烯以质量比为80:6:6:8的比例在玛瑙研钵中混合均匀，混料的过程中可以加入N-甲基吡咯烷酮调节浆料黏稠度。浆料混合均匀且无明显颗粒感时，将浆料转移到铝箔集流体上，用刮刀将浆料均匀地涂覆于铝箔集流体上。将玻璃板在120℃的真空干燥箱内烘干，选用直径为11mm的模具，用扣式电池切片机将其切成电极片。

（3）纽扣式电池的组装

电池的组装在真空手套箱中进行，具体操作如下：将制备好的电极片放置于正极壳体的正中心，滴加电解液后铺上Celgard 2400聚丙烯隔膜，使隔膜与电池壳、极片紧密黏覆没有气泡存在，再滴加一定量电解液，然后在隔膜中心放置好负极金属锂片以及垫片，盖上负极壳后用纽扣电池封装机封装，将组装好的电池在室温下静置备用。

（4）电池性能测试

将电池正极朝上负极朝下夹在电池夹上，与电池测试系统相连，测试充放电倍率和循环稳定性。测试电压范围设置为 2.7～4.2V（vs. Li$^+$｜Li），测试温度为 25℃，测试的倍率范围为 0.05～5C，其中 1C 的定义是 1675mAh/g。与电化学工作站相连，对电池进行 CV 测试和 EIS 测试，其中 CV 测试的扫描速度为 0.1mV/s，电位扫描范围为 3.00～4.20V（vs. Li$^+$｜Li），EIS 测试的交流振幅为 5mV，频率范围为 0.01Hz～100kHz。

5. 实验结果处理

（1）将 CV 数据导入 Origin 等绘图软件，以电极电势为横坐标，电流密度为纵坐标，绘制锰酸锂电池的 CV 曲线。

（2）将 EIS 数据导入 Origin 等绘图软件，给出 5 圈循环前后电极材料在开路电位下的 EIS 图。

（3）将电池的电化学数据导入 Origin 等绘图软件，以循环数为横坐标，比容量为纵坐标，作不同电流密度下电池的倍率性能图。

6. 思考与讨论

（1）锂离子电池正极材料需具备哪些特征？

（2）锰酸锂正极材料如何实现锂离子电池的充放电？

（3）如何从倍率和循环稳定性评判锂离子电池的电化学性能？

实验 15　负极用 C-SnO$_2$ 的制备及其锂电性能测试

1. 实验目的

（1）了解水热法制备 C-SnO$_2$ 材料的实验过程。

（2）掌握锂离子扣式电池的组装过程。

（3）掌握电池容量测量的实验方法及数据的作图方法。

2. 实验原理

锂离子电池的负极材料需满足在充放电过程中锂离子自由地嵌入和脱出，这有利于锂离子的快速传输。许多金属，如 Sn、Al、Pt 和 Mg 等具有可逆性储存锂离子能力，可以作为一种潜在的锂离子电池负极材料。以 Sn 单质为例，可以通过发生可逆的合金化/去合金化反应生成/分解金属间化合物进行储锂。其反应方程式如下：

$$Sn + xLi^+ + xe^- \Longrightarrow Li_xSn(0 < x < 4.4) \tag{5-13}$$

若为金属氧化物，以 SnO$_2$ 负极为例，SnO$_2$ 将先通过不可逆的转化过程还原为 Sn 单质，再进行可逆的合金化/去合金化反应。其反应方程式如下：

$$SnO_2 + 4Li^+ + 4e^- \rightarrow Sn + 2Li_2O \tag{5-14}$$

$$Sn + xLi^+ + xe^- \Longrightarrow Li_xSn(0 < x < 4.4) \tag{5-15}$$

目前，锡负极材料主要有锡单质、锡氧化物、锡合金和锡复合物四种存在形式。理论上，每个 Sn 原子可以与 4.4 个 Li$^+$ 形成合金，其理论比容量为 994mAh/g，体积膨胀系数超过 260%。锡氧化物有 SnO 和 SnO$_2$ 两种存在形式，二者的理论比容量分别为 875mAh/g 和 782mAh/g，体积膨胀系数约为 200%。SnO$_2$ 的合成方法多样，既可采用溶胶-凝胶法以 SnCl$_4$ · 5H$_2$O 为原料合成纳米 SnO$_2$，又可以采用水热法以 SnCl$_4$ · 5H$_2$O 为原料先生成 Sn(OH)$_4$，再高温焙烧形成 SnO$_2$。

棉纤维的截面结构由同心圆柱组成，由外至内分别为表皮层、初生层、次生层和中腔。脱脂棉是棉纤维通过高温脱脂处理，去除棉纤维初生层中的果胶和蜡，破坏表面结构，暴露出纤维内部的次生层得到的，在内部结构并不改变的基础上增加棉纤维的吸水性。采用脱脂棉为原料得到以炭化棉为基体负载 SnO$_2$ 颗粒，能够有效减少充放电过程中 SnO$_2$ 颗粒的破碎和团聚。

本实验以炭化棉负载的 SnO$_2$ 颗粒（C-SnO$_2$）为研究电极，以锂片为对电极，组装电池后进行倍率和循环性能测试、循环伏安法（CV）测试和电化学交流阻抗谱

（EIS）测试，评估其锂电性能。

3. 主要仪器和试剂

（1）实验仪器

电子天平1台，水热反应釜1台，真空干燥箱1台，真空手套箱1台，压片机1台，玛瑙研钵，管式炉1台，脱脂棉，称量瓶，刮刀，切片机1台，电池封装机1台，电池测试系统1套，电化学工作站1台等。

（2）实验试剂

四氯化锡，氨水，乙炔黑，聚偏氟乙烯，N-甲基吡咯烷酮，无水乙醇，去离子水，电解液（1mol/L LiPF$_6$-碳酸乙烯酯/碳酸二甲酯，体积比为1∶1），垫片，Celgard 2400聚丙烯隔膜，铜箔，扣式电池壳，金属锂片。所用试剂均为分析纯。

4. 实验步骤

（1）材料制备

碳材料的制备：将1.5g脱脂棉放入管式炉中，在N$_2$氛围下以5℃/min的升温速率加热至800℃，在该温度下炭化2h，待炉冷却至室温后取出，放入玛瑙研钵中充分研磨，得到炭化棉，样品标记为C。

C-SnO$_2$的制备：取2g四氯化锡溶解在100mL去离子水中，加入0.05g上述得到的炭化棉粉末，超声10min，然后在超声状态下滴加氨水调节溶液的pH值至3左右。将悬浊液移入水热反应釜中，在160℃下水热反应12h，待冷却至室温后将产生的沉淀物过滤，多次离心、水洗、乙醇洗至中性，放入真空干燥箱中60℃干燥12h，取出研磨后得最终产物，样品标记为C-SnO$_2$。制备实验流程如图5-4所示。

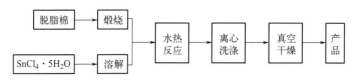

图5-4　C-SnO$_2$的制备实验流程图

（2）电极片制备

将C-SnO$_2$作为活性物质与聚偏氟乙烯、乙炔黑以7∶1.5∶1.5的质量比在研钵中充分研磨至混合均匀。加入N-甲基吡咯烷酮进行混浆，充分搅拌6h后形成均匀且流动性良好的浆料。将浆料涂覆在铜箔上，在60℃真空干燥12h后，用切片机裁剪成直径为11mm的圆形极片待用。

（3）电池组装

电池的组装在真空手套箱中进行，将金属锂片放置于正极壳体的正中心，滴加电解液后铺上Celgard 2400聚丙烯隔膜，使隔膜与电池壳、极片紧密黏覆没有气泡存在，随后再滴加一定量电解液，然后在隔膜中心放置好制备的电极片以及垫片，盖上负极壳用纽扣电池封装机封装，将组装好的纽扣电池在室温下静置备用。

（4）电池性能测试

使用电池测试系统对电池进行倍率和循环性能测试，测试的电压窗口为 0.05～3V（vs. Li^+｜Li），测试温度为 25℃，测试的倍率范围为 0.05～5C，其中 1C 的定义是 1675mAh/g。使用电化学工作站对电池进行 CV 和 EIS 测试，CV 测试的电压窗口为 0.05～3V（vs. Li^+｜Li），扫描速率为 0.5mV/s。EIS 测试的交流振幅为 5mV，频率范围为 0.01～100kHz。

5. 实验结果处理

（1）将 CV 数据导入 Origin 等绘图软件，以电极电势为横坐标，电流密度为纵坐标，绘制电池的 CV 曲线。

（2）将 EIS 数据导入 Origin 等绘图软件，给出 5 圈循环前后电极材料在开路电位下的 EIS 图。

（3）将电池的电化学数据导入 Origin 等绘图软件，以循环数为横坐标，比容量为纵坐标，作不同电流密度下电池的倍率性能图。

6. 思考与讨论

（1）锂离子在 C-SnO_2 材料中嵌入/脱出的机理是什么？

（2）为什么目前商业化的锂离子电池负极多用碳材料？

（3）为什么能够采用 SnO_2 替代 Sn 作为负极材料？

实验 16 碳纳米管-硫正极材料的制备及锂硫电池性能测试

1. 实验目的

（1）了解锂硫电池的工作原理。

（2）掌握碳纳米管-硫正极材料与纽扣电池的制备过程。

（3）掌握锂硫电池的电化学性能测量方法。

2. 实验原理

锂硫电池是以硫元素作为电池正极，金属锂作为负极的一种锂电池，其理论比容量和理论比能量分别高达 $1675\,mAh/g$ 和 $2600\,Wh/kg$，远高于商用锂离子电池和钴酸锂电池。单质硫在地球中储量丰富，具有价格低廉和环境友好等特点，有利于降低电池的生产成本和减小环境污染。

锂硫电池与以传统的过渡金属层状化合物为正极的锂离子电池工作原理有显著差异。传统的锂离子电池中，锂离子在电极材料中嵌入和脱嵌，材料的结构不发生变化。然而，锂硫电池在充放电过程中，伴随着 S-S 键的断裂和再生，是一个涉及多电子、多相变的反应过程。锂硫电池的放/充电过程的反应方程式可以描述为：

$$\text{负极：} 16Li \rightleftharpoons 16Li^+ + 16e^- \tag{5-16}$$

$$\text{正极：} S_8 + 16Li^+ + 16e^- \rightleftharpoons 8Li_2S \tag{5-17}$$

$$\text{总反应：} 16Li + S_8 \rightleftharpoons 8Li_2S \tag{5-18}$$

硫元素以八元环 S_8 的形态在室温下稳定存在。锂硫电池的典型充放电平台曲线如图 5-5 所示，根据充放电的不同阶段，锂硫电池的放电过程可以划分为"三阶段两平台"：其中，第一阶段是硫元素的 S-S 键断裂，转化为可溶性多硫化物 Li_2S_8 的过程；第二阶段为电压在 $2.1 \sim 2.4V$ 之间的平台，对应长链 Li_2S_8 向 Li_2S_4 等可溶性多硫化锂 Li_2S_n（$4 \leqslant n \leqslant 8$）的转变；第三阶段为 $2.1V$ 电压平台及以下区域，对应

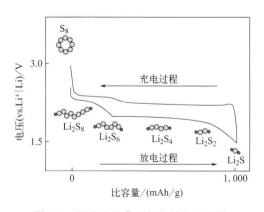

图 5-5 锂硫电池典型的充放电过程图

第二阶段生成的 Li_2S_4 生成固态 $Li_2S_2 \mid Li_2S$ 的过程，该阶段的反应速率较慢。硫电极

的充电过程对应 $Li_2S_2 | Li_2S$ 失去电子，最终重新生成单质硫的过程，整个电化学过程是可逆的。

然而，在实际应用中，由于单质硫及其固态放电产物 Li_2S_2 和 Li_2S 的电导率低，这阻碍了电池在充放电过程中电子的转移，降低硫的利用率和倍率性能。此外，可溶性多硫化物的穿梭效应以及充放电过程中体积的膨胀和收缩也是阻碍锂硫电池发展的主要问题。使用高导电性材料作为硫主体是常用的一种解决方法。

本实验以碳纳米管-硫为锂硫电池正极材料，金属锂片为负极，组装成纽扣式锂硫电池，进行恒电流充放电、循环伏安法（CV）和电化学交流阻抗谱（EIS）测试，评估锂硫电池性能。

3. 主要仪器和试剂

（1）实验仪器

电子天平 1 台，鼓风干燥箱 1 台，管式炉 1 台，真空手套箱 1 台，涂布器 1 台，压片机 1 台，刮刀 1 个，切片机 1 台，电池封装机 1 台，电池测试系统 1 套，电化学工作站 1 台等。

（2）实验试剂

碳纳米管，升华硫，二硫化碳，乙炔黑，聚偏氟乙烯，N-甲基吡咯烷酮，锂硫电池电解液［含 1mol/L 三氟甲磺酸氨基锂和 1％（质量分数）硝酸锂体积比为 1∶1 的二氧戊环/乙二醇二甲醚溶液］，铝箔，不锈钢片，Celgard 2400 聚丙烯隔膜，金属锂片，扣式电池壳，垫片，弹片。所用试剂均为分析纯。

4. 实验步骤

（1）碳纳米管-硫复合材料的制备

采用热熔融扩散法制备碳纳米管-硫（CNT-S）正极材料。将质量比为 1∶3 的碳纳米管与单质硫研磨均匀后滴加少许二硫化碳，缓慢搅拌 10min 后将二硫化碳部分挥发，将所得的混合物放入鼓风干燥箱中加热直至 CS_2 挥发完全，得到 CNT-S 复合材料。CNT-S 的制备实验流程如图 5-6 所示。

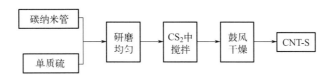

图 5-6　碳纳米管-硫正极材料制备实验流程图

（2）电池正极片的制备

分别将 CNT-S、乙炔黑和聚偏氟乙烯按 75∶15∶10 的质量比，在研钵中研磨混合，随后加入适量 N-甲基吡咯烷酮作为分散剂，持续搅拌得到均匀的黑色浆料，使用刮刀将浆料均匀涂布在铝箔上,将涂覆好的铝箔在 60℃的烘箱中干燥,然后裁剪成直径为 14mm 的圆形片,即得到组装电池所需的正极。

(3) 电池组装

电池的组装在真空手套箱中进行,将正极片放入扣式电池壳中,在正极片上滴加电解液,然后依次盖上 Celgard 2400 聚丙烯隔膜、锂片、不锈钢片、弹片和负极壳,其中硫在电解液中的浓度控制为 $10\mu L/mg$,组装后用纽扣电池封装机封装,在室温下静置以备电化学性能测试。

(4) 电池性能测试

电池充放电测试是在电池测试系统上进行的。充放电测试截止电压为 $1.5 \sim 3.0V$ (vs. $Li^+ \mid Li$),测试温度为 25℃,测试的倍率范围为 $0.05 \sim 5C$,其中 1C 的定义是 1675mAh/g。使用电化学工作站对电池进行 CV 测试和 EIS 测试,其中 CV 测试的扫描速度为 0.1mV/s,电位扫描范围为 $1.5 \sim 3.0V$。EIS 测试是保持在开路电压的情况下,在 $0.1Hz \sim 100kHz$ 的频率范围内,施加 5mV 幅度的交流电压下进行的。

5. 实验结果处理

(1) 将 CV 数据导入 Origin 等绘图软件,以电极电势为横坐标,电流密度为纵坐标,绘制锂硫电池的 CV 曲线。

(2) 将 EIS 数据导入 Origin 等绘图软件,给出 5 圈循环前后电极材料在开路电位下的 EIS 图。

(3) 将电池的电化学数据导入 Origin 等绘图软件,以循环数为横坐标,比容量为纵坐标,作不同电流密度下电池的倍率性能图。

6. 思考与讨论

(1) 锂硫电池商业化应用主要面临哪些问题,如何解决?

(2) 碳纳米管在碳纳米管-硫正极材料中的作用是什么?

(3) 锂硫纽扣式电池充放电测试中存在的误差及改进方法有哪些?

实验 17　硫化镍电极的制备及其超级电容性能测试

1. 实验目的

（1）理解超级电容器的分类及工作原理。

（2）了解硫化镍电极的特点和制备方法。

2. 实验原理

在各种储能装置中，电池和超级电容器代表了两种先进的电化学储能技术。目前，锂离子电池虽然广泛应用于电子产品中，然而由于电子和离子传输缓慢，电能不断耗散损失，同时，电池在高功率运行时产生的热量可能会导致爆炸等严重的安全问题。超级电容器可以安全地快速充电，提供高功率，并具有超长的循环寿命（＞100000 次循环）。因此超级电容器在混合动力驱动的卡车和公共汽车等重型车辆、间歇性可再生能源的能量存储系统等需要快速充电、高循环稳定性和高功率的能源领域扮演着越来越重要的角色。

超级电容器主要由集流体、电极和隔膜等几部分组成，储能的基本原理是通过电极和电解液之间界面上电荷分离形成的双电层电容来储存电能的。超级电容器的性能主要取决于电极材料的比表面积、电导率、电极的润湿性和电解质离子的渗透性等。当电极与电解液接触时，由于库仑力、分子间力及原子间力的作用，固液界面出现稳定和符号相反的双层电荷，称其为界面双电层，从而存储能量。在这个过程中，电极材料的选择起着关键作用。过渡金属硫化物因具有高比容量而引起了极大关注。

硫化镍因其具有不同的价态、优异电化学性能和低成本等特点而备受关注。硫化镍以 α-NiS、β-NiS、NiS_2、Ni_3S_2、Ni_3S_4、Ni_7S_6 和 Ni_9S_8 等不同的晶相和组成存在。在这些不同类型的硫化镍中，Ni_3S_2 具有高的理论比电容（2412F/g）和理想的氧化还原性能，作为电池和超级电容器的电极材料表现出优异的性能。在碱性环境中，Ni_3S_2 主要以发生氧化还原反应来储存电能，发生的氧化还原反应为：$Ni_3S_2 + 3OH^- \rightleftharpoons Ni_3S_2(OH)_3 + 3e^-$。

本实验采用硫化镍作为超级电容器电极材料，采用三电极体系进行循环伏安法（CV）、恒流充放电法（GCD）和电化学交流阻抗谱（EIS）测试。

3. 主要仪器和试剂

(1) 实验仪器

电子天平 1 台，鼓风干燥箱 1 台，高压釜 1 台，烧杯，量筒，电化学工作站 1 台，铂片电极夹，铂片电极 1 个，汞-氧化汞参比电极 1 个等。

(2) 实验试剂

硫脲，去离子水，无水乙醇，泡沫镍，盐酸（3mol/L），氢氧化钾（6mol/L）。所用试剂均为分析纯。

4. 实验步骤

(1) 泡沫镍的预处理

将泡沫镍切割成 1cm×1cm 的大小，依次放入无水乙醇和 3mol/L 盐酸水溶液中超声 15min，去除泡沫镍表面的油层和氧化层。然后分别用去离子水和乙醇多次洗涤，放入烘箱中干燥，称重后备用。

(2) 硫化镍电极的制备

将 0.87g 硫脲溶解在 75mL 去离子水中，转移到高压釜中，加入预处理好的泡沫镍，在 150℃下加热 4h。待高压釜彻底冷却至室温后，分别用乙醇和水清洗泡沫镍，放入烘箱中干燥，称取泡沫镍的质量，将反应后的质量减去反应前的质量，得出硫化镍质量。硫化镍电极制备的实验流程如图 5-7 所示。

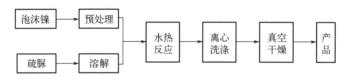

图 5-7 硫化镍电极制备的实验流程图

(3) 硫化镍电极的超级电容性能测试

以硫化镍电极为工作电极，铂片电极为对电极，汞-氧化汞电极为参比电极，6mol/L 的氢氧化钾水溶液为电解液，使用电化学工作站，采用三电极体系测量 CV、GCD 和 EIS。CV 和 GCD 测试的电势窗口分别为 0～0.6V 和 0～0.5V。CV 测试的扫描速率范围为 5～100mV/s。GCD 测试的电流密度范围为 1～10A/g。EIS 测试是保持在开路电压的情况下，交流振幅为 5mV，测试频率范围为 0.01～100kHz。

5. 实验结果处理

(1) 将 CV 数据导入 Origin 等绘图软件，以电极电势为横坐标，电流密度为纵坐标，绘制硫化镍电极的 CV 曲线，并根据公式（5-19）计算不同扫描速率下的比电容：

$$C_s = \frac{1}{2m\Delta Uv} \int i\, \mathrm{d}\Delta U \qquad (5\text{-}19)$$

式中，C_s 为平均质量比电容，F/g；m 为活性物质的质量，g；v 为循环伏安曲线的扫描速率，V/s；ΔU 为扫描的电压窗口，V；i 为相应的电流，A。

（2）将 GCD 数据导入 Origin 等绘图软件，以时间为横坐标，电极电势为纵坐标，绘制硫化镍电极的 GCD 曲线，并根据公式（5-20）计算不同电流密度下的比电容：

$$C_s = \frac{i\Delta t}{m\Delta v} \qquad (5\text{-}20)$$

式中，C_s 为平均质量比电容，F/g；m 为活性物质的质量，g；Δv 为扫描的电压窗口范围，V；Δt 为放电时间，s；i 为放电的电流，A。

（3）将 EIS 数据导入 Origin 等绘图软件，绘制硫化镍电极在开路电位下的 EIS 图。

6. 思考与讨论

（1）泡沫镍在硫化镍电极制备和超级电容性能测试过程中有何作用？

（2）硫化镍作为超级电容器的电极材料有何优点？

（3）影响超级电容器性能的因素有哪些？

附录 1　部分常用的物理常数

阿伏伽德罗（Avogadro）常数　　　　　$N = 6.02 \times 10^{23} \, \text{mol}^{-1}$

法拉第（Faraday）常数　　　　　　　$F = (96494 \pm 10) \, \text{C/mol} \approx 96500 \text{C/mol}$

气体常数　　　　　　　　　　　　　$R = 8.314 \text{J/} (\text{K} \cdot \text{mol})$

冰点　　　　　　　　　　　　　　　$T_0 = (273.16 \pm 0.01) \text{℃}$

热功当量　　　　　　　　　　　　　$1 \text{cal} = 4.185 \text{J}$

25℃时能斯特方程中　　　　　　　　$2.303 RT/F = 0.0591$

玻尔兹曼常数　　　　　　　　　　　$k = 1.38 \times 10^{-23} \text{J/K}$

普朗克（Planck）常数　　　　　　　$h = 6.626 \times 10^{-34} \text{J} \cdot \text{s}$

水在 25℃ 时的介电常数　　　　　　　$D = 78.36 \text{F/m}$

每库仑的电子数　　　　　　　　　　6.24×10^{18}

电子伏特与焦耳的换算关系　　　　　$1 \text{eV} = 1.6 \times 10^{-19} \text{J}$

压强单位换算　　　　　　　　　　　$1 \text{atm} = 760 \text{mmHg} = 101325 \text{Pa}$

空气中的氧分压　　　　　　　　　　$p_{O_2} = 21278.25 \text{Pa}$

空气中的氢分压　　　　　　　　　　$p_{H_2} = 0.05066 \text{Pa}$

附录 2　甘汞电极在不同温度下的电极电势

温度 /℃	电解质（KCl）			温度 /℃	电解质（KCl）		
	0.1mol/L	1mol/L	饱和		0.1mol/L	1mol/L	饱和
	电位/V				电位/V		
0	0.3380	0.2888	0.2601	28	0.3363	0.2821	0.2418
1	0.3379	0.2886	0.2594	29	0.3363	0.2818	0.2412
2	0.3379	0.2883	0.2588	30	0.3362	0.2816	0.2405
3	0.3378	0.2881	0.2581	31	0.3361	0.2814	0.2399
4	0.3378	0.2878	0.2575	32	0.3361	0.2811	0.2393
5	0.3377	0.2876	0.2568	33	0.3360	0.2809	0.2386
6	0.3376	0.2874	0.2562	34	0.3360	0.2806	0.2379
7	0.3376	0.2871	0.2555	35	0.3359	0.2804	0.2373
8	0.3375	0.2869	0.2549	36	0.3358	0.2802	0.2366
9	0.3375	0.2866	0.2542	37	0.3358	0.2799	0.2360
10	0.3374	0.2864	0.2536	38	0.3357	0.2797	0.2353
11	0.3373	0.2862	0.2529	39	0.3357	0.2794	0.2347
12	0.3373	0.2859	0.2523	40	0.3356	0.2792	0.2340
13	0.3373	0.2857	0.2516	41	0.3355	0.2790	0.2334
14	0.3372	0.2854	0.2510	42	0.3355	0.2787	0.2327
15	0.3371	0.2852	0.2503	43	0.3354	0.2785	0.2321
16	0.3370	0.2850	0.2497	44	0.3354	0.2782	0.2314
17	0.3370	0.2847	0.2490	45	0.3353	0.2780	0.2308
18	0.3369	0.2845	0.2483	46	0.3352	0.2778	0.2301
19	0.3368	0.2842	0.2477	47	0.3352	0.2775	0.2295
20	0.3368	0.2840	0.2471	48	0.3351	0.2773	0.2288
21	0.3367	0.2838	0.2464	49	0.3351	0.2770	0.2282
22	0.3367	0.2835	0.2458	50	0.3350	0.2768	0.2275
23	0.3366	0.2833	0.2451	60			0.2199
24	0.3366	0.2830	0.2445	70			0.2124
25	0.3365	0.2828	0.2438	80			0.2047
26	0.3364	0.2826	0.2431	90			0.1967
27	0.3364	0.2823	0.2424	100			0.1885

附录3　酸性溶液中的标准电极电势 $E_标$（298K）

元素	电极反应	$E_标/V$	元素	电极反应	$E_标/V$
Ag	$AgBr+e^- \Longrightarrow Ag+Br^-$	+0.07133	I	$HIO+H^++e^- \Longrightarrow \frac{1}{2}I_2+H_2O$	+1.439
	$AgCl+e^- \Longrightarrow Ag+Cl^-$	+0.2223	K	$K^++e^- \Longrightarrow K$	-2.931
	$Ag_2CrO_4+2e^- \Longrightarrow 2Ag+CrO_4^{2-}$	+0.4470	Mg	$Mg^{2+}+2e^- \Longrightarrow Mg$	-2.372
	$Ag^++e^- \Longrightarrow Ag$	+0.7996		$Mn^{2+}+2e^- \Longrightarrow Mn$	-1.185
Al	$Al^{3+}+3e^- \Longrightarrow Al$	-1.662		$MnO_4^-+e^- \Longrightarrow MnO_4^{2-}$	+0.558
As	$HAsO_2+3H^++3e^- \Longrightarrow As+2H_2O$	+0.248	Mn	$MnO_2+4H^++2e^- \Longrightarrow Mn^{2+}+2H_2O$	+1.224
	$H_3AsO_4+2H^++2e^- \Longrightarrow HAsO_2+2H_2O$	+0.560		$MnO_4^-+8H^++5e^- \Longrightarrow Mn^{2+}+4H_2O$	+1.507
Bi	$BiOCl+2H^++3e^- \Longrightarrow Bi+H_2O+Cl^-$	+0.160		$MnO_4^-+4H^++3e^- \Longrightarrow MnO_2+2H_2O$	+1.679
	$BiO^++2H^++3e^- \Longrightarrow Bi+H_2O$	+0.320		$NO_3^-+4H^++3e^- \Longrightarrow NO+2H_2O$	+0.957
Br	$Br_2+2e^- \Longrightarrow 2Br^-$	+1.066		$2NO_3^-+4H^++2e^- \Longrightarrow N_2O_4+2H_2O$	+0.803
	$BrO_3^-+6H^++5e^- \Longrightarrow \frac{1}{2}Br_2+3H_2O$	+1.482	N	$HNO_2+H^++e^- \Longrightarrow NO+H_2O$	+0.983
Ca	$Ca^{2+}+2e^- \Longrightarrow Ca$	-2.868		$N_2O_4+4H^++4e^- \Longrightarrow 2NO+2H_2O$	+1.035
	$ClO_4^-+2H^++2e^- \Longrightarrow ClO_3^-+H_2O$	+1.189		$NO_3^-+3H^++2e^- \Longrightarrow HNO_2+H_2O$	+0.934
	$Cl_2+2e^- \Longrightarrow 2Cl^-$	+1.35827		$N_2O_4+2H^++2e^- \Longrightarrow 2HNO_2$	+1.065
	$ClO_3^-+6H^++6e^- \Longrightarrow Cl^-+3H_2O$	+1.451		$O_2+2H^++2e^- \Longrightarrow H_2O_2$	+0.695
	$ClO_3^-+6H^++5e^- \Longrightarrow \frac{1}{2}Cl_2+3H_2O$	+1.47	O	$H_2O_2+2H^++2e^- \Longrightarrow 2H_2O$	+1.776
Cl	$HClO+H^++e^- \Longrightarrow \frac{1}{2}Cl_2+H_2O$	+1.611		$O_2+4H^++4e^- \Longrightarrow 2H_2O$	+1.229
	$ClO_3^-+3H^++2e^- \Longrightarrow HClO_2+H_2O$	+1.214	P	$H_3PO_4+2H^++2e^- \Longrightarrow H_3PO_3+H_2O$	-0.276
	$ClO_2+H^++e^- \Longrightarrow HClO_2$	+1.277		$PbI_2+2e^- \Longrightarrow Pb+2I^-$	-0.365
	$HClO_2+2H^++2e^- \Longrightarrow HClO+H_2O$	+1.645		$PbSO_4+2e^- \Longrightarrow Pb+SO_4^{2-}$	-0.3588
Co	$Co^{3+}+e^- \Longrightarrow Co^{2+}$	+1.83		$PbCl_2+2e^- \Longrightarrow Pb+2Cl^-$	-0.2675
Cr	$Cr_2O_7^{2-}+14H^++6e^- \Longrightarrow 2Cr^{3+}+7H_2O$	+1.232	Pb	$Pb^{2+}+2e^- \Longrightarrow Pb$	-0.1262
	$Cu^{2+}+e^- \Longrightarrow Cu^+$	+0.153		$PbO_2+4H^++2e^- \Longrightarrow Pb^{2+}+2H_2O$	+1.455
Cu	$Cu^{2+}+2e^- \Longrightarrow Cu$	+0.337		$PbO_2+SO_4^{2-}+4H^++2e^- \Longrightarrow PbSO_4+2H_2O$	+1.6913
	$Cu^++e^- \Longrightarrow Cu$	+0.522		$H_2SO_3+4H^++4e^- \Longrightarrow S+3H_2O$	+0.449
	$Fe^{2+}+2e^- \Longrightarrow Fe$	-0.447		$S+2H^++2e^- \Longrightarrow H_2S$	+0.142
Fe	$Fe(CN)_6^{3-}+e^- \Longrightarrow Fe(CN)_6^{4-}$	+0.358	S	$SO_4^{2-}+4H^++2e^- \Longrightarrow H_2SO_3+H_2O$	+0.172
	$Fe^{3+}+e^- \Longrightarrow Fe^{2+}$	+0.771		$S_4O_6^{2-}+2e^- \Longrightarrow 2S_2O_3^{2-}$	+0.08
H	$2H^++e^- \Longrightarrow H_2$	0.00000		$S_2O_8^{2-}+2e^- \Longrightarrow 2SO_4^{2-}$	+2.010
	$Hg_2Cl_2+2e^- \Longrightarrow 2Hg+2Cl^-$	+0.281		$Sb_2O_3+6H^++6e^- \Longrightarrow 2Sb+3H_2O$	+0.152
Hg	$Hg_2^{2+}+2e^- \Longrightarrow 2Hg$	+0.7973	Sb	$Sb_2O_5+6H^++4e^- \Longrightarrow 2SbO^++3H_2O$	+0.581
	$Hg^{2+}+2e^- \Longrightarrow Hg$	+0.851	Sn	$Sn^{4+}+2e^- \Longrightarrow Sn^{2+}$	+0.151
	$2Hg^{2+}+2e^- \Longrightarrow Hg_2^{2+}$	+0.920		$V(OH)_4^++4H^++5e^- \Longrightarrow V+4H_2O$	-0.254
	$I_2+2e^- \Longrightarrow 2I^-$	+0.5355	V	$VO^{2+}+2H^++e^- \Longrightarrow V^{3+}+H_2O$	+0.337
I	$I_3^-+2e^- \Longrightarrow 3I^-$	+0.536		$V(OH)_4^++2H^++e^- \Longrightarrow VO^{2+}+3H_2O$	+1.00
	$2IO_3^-+12H^++10e^- \Longrightarrow I_2+6H_2O$	+1.195	Zn	$Zn^{2+}+2e^- \Longrightarrow Zn$	-0.7618

附录4 碱性溶液中的标准电极电势 $E_标$ （298K）

元素	电极反应	$E_标/V$	元素	电极反应	$E_标/V$
Ag	$Ag_2S+2e^-\longrightarrow 2Ag+S^{2-}$	-0.691	Fe	$Fe(OH)_3+e^-\longrightarrow Fe(OH)_2+OH^-$	-0.56
	$Ag_2O+H_2O+2e^-\longrightarrow 2Ag+2OH^-$	$+0.342$	H	$2H_2O+2e^-\longrightarrow H_2+2OH^-$	-0.8277
Al	$H_2AlO_3^-+H_2O+3e^-\longrightarrow Al+4OH^-$	-2.33	Hg	$HgO+H_2O+2e^-\longrightarrow Hg+2OH^-$	$+0.0977$
As	$AsO_2^-+2H_2O+3e^-\longrightarrow As+4OH^-$	-0.68	I	$IO_3^-+3H_2O+6e^-\longrightarrow I^-+6OH^-$	$+0.26$
	$AsO_4^{3-}+2H_2O+2e^-\longrightarrow AsO_2^-+4OH^-$	-0.71		$IO^-+H_2O+2e^-\longrightarrow I^-+2OH^-$	$+0.485$
Br	$BrO_3^-+3H_2O+6e^-\longrightarrow Br^-+6OH^-$	$+0.61$	Mg	$Mg(OH)_2+2e^-\longrightarrow Mg+2OH^-$	-0.2690
	$BrO^-+H_2O+2e^-\longrightarrow Br^-+2OH^-$	$+0.761$		$Mn(OH)_2+2e^-\longrightarrow Mn+2OH^-$	-1.56
Cl	$ClO_3^-+H_2O+2e^-\longrightarrow ClO_2^-+2OH^-$	$+0.33$	Mn	$MnO_4^-+2H_2O+3e^-\longrightarrow MnO_2+4OH^-$	$+0.595$
	$ClO_4^-+H_2O+2e^-\longrightarrow ClO_3^-+2OH^-$	$+0.36$		$MnO_4^{2-}+2H_2O+2e^-\longrightarrow MnO_2+4OH^-$	$+0.60$
	$ClO_2^-+H_2O+2e^-\longrightarrow ClO^-+2OH^-$	$+0.66$	N	$NO_3^-+H_2O+2e^-\longrightarrow NO_2^-+2OH^-$	$+0.01$
	$ClO^-+H_2O+2e^-\longrightarrow Cl^-+2OH^-$	$+0.81$	O	$O_2+2H_2O+4e^-\longrightarrow 4OH^-$	$+0.401$
Co	$Co(OH)_2+2e^-\longrightarrow Co+2OH^-$	-0.73	S	$S+2e^-\longrightarrow S^{2-}$	-0.47627
	$Co(NH_3)_6^{3+}+e^-\longrightarrow Co(NH_3)_6^{2+}$	$+0.108$		$SO_4^{2-}+H_2O+2e^-\longrightarrow SO_3^{2-}+2OH^-$	-0.93
	$Co(OH)_3+e^-\longrightarrow Co(OH)_2+OH^-$	$+0.17$		$2SO_3^{2-}+3H_2O+4e^-\longrightarrow S_2O_3^{2-}+6OH^-$	-0.571
Cr	$Cr(OH)_3+3e^-\longrightarrow Cr+3OH^-$	-1.48		$S_4O_6^{2-}+2e^-\longrightarrow 2S_2O_3^{2-}$	$+0.08$
	$CrO_2^-+2H_2O+3e^-\longrightarrow Cr+4OH^-$	-1.2	Sb	$SbO_2^-+2H_2O+2e^-\longrightarrow Sb+4OH^-$	-0.66
	$CrO_4^-+4H_2O+4e^-\longrightarrow Cr(OH)_3+5OH^-$	-0.13	Sn	$Sn(OH)_6^{2-}+2e^-\longrightarrow HSnO_2^-+H_2O+3OH^-$	-0.93
Cu	$Cu_2O+H_2O+2e^-\longrightarrow 2Cu+2OH^-$	-0.360		$HSnO_2^-+H_2O+2e^-\longrightarrow Sn+3OH^-$	-0.909

参考文献

[1]   田昭武.电化学研究方法 [M].北京:科学出版社,1976.

[2]   查全性.电极过程动力学导论 [M].第 3 版.北京:科学出版社,2002.

[3]   郭鹤桐,覃奇贤.电化学教程 [M].天津:天津大学出版社,2000.

[4]   曹楚南.腐蚀电化学原理 [M].第 2 版.北京:化学工业出版社,2004.

[5]   曹楚南.电化学阻抗谱导论 [M].北京:科学出版社,2002.

[6]   李启隆.电分析化学 [M].北京:北京师范大学出版社,1995.

[7]   贾铮,戴长松,陈玲.电化学测量方法 [M].北京:化学工业出版社,2006.

[8]   吴辉煌.电化学 [M].北京:化学工业出版社,2004.

[9]   贾梦秋,杨文胜.应用电化学 [M].北京:高等教育出版社,2004.

[10] 努丽燕娜,王宝峰.实验电化学 [M].北京:化学工业出版社,2007.

[11] 张鉴清.电化学测试技术 [M].北京:化学工业出版社,2011.

[12] 刘长久,李延伟,尚伟.电化学实验 [M].北京:化学工业出版社,2011.

[13] 杨辉,卢文庆.应用电化学 [M].北京:科学出版社,2001.

[14] 史美伦.交流阻抗谱原理及应用 [M].北京:国防工业出版社,2001.

[15] 王雪,王意波,王显,等.酸性电解水过程中氧析出反应的机理及铱基催化剂的研究进展 [J].应用化学,
     2022,39(04):616-628.

[16] 张开悦,刘伟华,陈晖,等.碱性电解水析氢电极的研究进展 [J].化工进展,2015,34(10):3680-3687+
     3778.

[17] 张微.制氢技术进展及经济性分析 [J].当代石油石化,2022,30(07):31-36.

[18] 刘芸.绿色能源氢能及其电解水制氢技术进展 [J].电源技术,2012,36(10):1579-1581.

[19] 刘志敏.铜配合物衍生铜-氧化亚铜催化剂的原位电合成及其对二氧化碳电还原制备 C2 产物催化性能的研究
     [J].物理化学学报,2019,35(12):1307-1308.

[20] 向阳,熊昆,张海东,等.电催化尿素氧化的镍基催化剂表界面调控 [J].材料导报,2022,36(10):
     104-111.

[21] 李凯,孙南南,谢实涛,等.RuO_2-IrO_2/Ti 修饰阳极的制备及电催化降解苯酚的研究 [J].环境污染与防治,
     2014,36(12):17-20.

[22] 黄琳琳,刘峻峰,戴常超,等.不同结构网基 Ti/Sb-SnO_2 电极电催化降解苯酚效能 [J].给水排水,2020,
     56(S2):47-52+58.

[23] 王家德,袁通斌,周丌飞,等.基丁原位红外光谱的水相苯酚电氧化机理研究 [J].化工学报,2019,70
     (12):4821-4827.

[24] 尹伟,法焕宝,熊燕,等.基于旋转圆盘电极评价氧还原催化剂催化机理的实验教学设计 [J].实验科学与技
     术,2019,17(04):70-72.

[25] 陈彤,谈天,黄伟林,等.极化曲线测量电力设备镀锌部件腐蚀速率及其参数优化 [J].腐蚀与防护,2014,
     35(02):120-123+127.

[26] 黄发,胡凡,周庆军,等.金属材料的自腐蚀电位测量 [J].宝钢技术,2016(02):48-50.

[27] 姚茜,刘莉,孟凡帝,等.酸掺杂聚苯胺在轻合金防腐涂层中的研究进展 [J].化工新型材料,2021,49
     (10):58-62.

[28] BardA J,Faulkner L R.电化学原理方法和应用 [M].谷林瑛,译.北京:化学工业出版社,1986.

[29] 乔奇伟,王晓东,李艳秋,等.一种用于电化学抛光的电解装置:CN211947283U [P].2020.

［30］ 郭春光，邹维兴，李庆春. 不锈钢电化学抛光技术简介 ［J］. 中国金属通报，2017（11）：106-107.

［31］ 谢幸秦，周龙，李延伟，等. 中性电镀镍工艺探索研究 ［J］. 化工技术与开发，2018，2（47）：18-22.

［32］ 黎德育，赵子微，孔德龙，等. 高速赫尔槽在高速镀锡液中的研究应用 ［J］. 表面技术，2018，47（11）：239-244.

［33］ 韩姣. 电镀铜工艺中铜阳极的电化学行为研究 ［D］. 广州：华南理工大学，2016.

［34］ 雅靖. 乙内酰脲体系无氰电镀铜工艺的研究 ［D］. 哈尔滨：哈尔滨工业大学，2016.

［35］ 任雅勋. 铝及其合金常温草酸绝缘阳极氧化工艺 ［J］. 材料保护，2002，9（12）：31-32.

［36］ 孙衍乐，宣天鹏，许少楠，等. 铝合金的阳极氧化及其研究现状 ［J］. 电镀与精饰，2010，32（4）：18-21.

［37］ 万晔，王欢，张允典，等. 草酸阳极氧化法制备氧化铝薄膜的微观结构及性质 ［J］. 沈阳建筑大学学报（自然科学版），2016，32（03）：521-528.

［38］ 孟祥凤，葛洪良，卫国英，等. 铝合金阳极氧化膜性能的研究 ［J］. 电镀与环保，2013，33（06）：22-24.

［39］ 杨翠颜，李干希，张健，等. 一种铝阳极氧化膜的复合着色方法 ［J］. 广东化工，2016，43（09）：145-146.

［40］ 曹楚南. 腐蚀电化学原理 ［M］. 第 3 版. 北京：化学工业出版社，2020.

［41］ 李小刚. 材料腐蚀与防护概论 ［M］. 第 2 版. 北京：机械工业出版社，2017.

［42］ 德切柯·巴普洛夫. 铅酸蓄电池科学与技术 ［M］. 段喜春，译. 北京：机械工业出版社，2015.

［43］ 刘广林. 铅酸蓄电池工艺学概论 ［M］. 北京：机械工业出版社，2009.

［44］ 王焕焕，许倩，张玉，等. 纳米锰酸锂的制备及在水系锂离子电池中的电化学性能研究 ［J］. 安康学院学报，2017，29（01）：107-111.

［45］ 许高洁. 锂二次电池电极材料的研究 ［D］. 青岛：中国海洋大学，2012.

［46］ 巩柯语. 锂离子电池锡-碳负极材料的制备及其电化学性能研究 ［D］. 太原：太原理工大学，2021.

［47］ Wang Q，Zhou Z Y，Lai Y J，et al. Phenylenediamine-based FeN$_x$/C catalyst with high activity for oxygen reduction in acid medium and its active-site probing ［J］. Journal of the American Chemical Society，2014，136：10882-10885.

［48］ Hodnik N，Baldizzone C，Cherevko S，et al. The effect of the voltage scan rate on the determination of the oxygen reduction activity of Pt/C fuel cell catalyst ［J］. Electrocatalysis，2015，6：237-241.

［49］ Cuesta A. At least three contiguous atoms are necessary for CO formation during methanol electrooxidation on platinum ［J］. Journal of the American Chemical Society，2006，128：13332-13333.

［50］ Sun Y，Lu J，Zhuang L，et al. Rational determination of exchange current density for hydrogen electrode reactions at carbon-supported Pt catalysts ［J］. Electrochimica Acta，2010，55：844-850.

［51］ Garsany Y，Baturina O A，Swider-Lyongs K E，et al. Experimental methods for quantifying the activity of platinum electrocatalysts for the oxygen reduction reaction ［J］. Analytical chemistry，2010，82：6321-6328.

［52］ Bard A J，Faulkner L R. Electrochemical methods：fundamentals and applications ［M］. New Jersey：John Wiley &. Sons，Inc.，2000.

［53］ Suen N T，Hung S F，Quan Q，et al. Electrocatalysis for the oxygen evolution reaction：recent development and future perspectives ［J］. Chemical Society Reviews，2017，46（2）：337-365.

［54］ Jiao Y，Zheng Y，Jaroniec M，et al. Design of electrocatalysts for oxygen and hydrogen-involving energy conversion reactions ［J］. Chemical Society Reviews，2015，44：2060-2086.

［55］ Qian J Q，Li H T，Li P R，et al. Effect of technology parameters on microstructure and properties of electroforming nickel layer ［J］. Rare Metal Materials and Engineering，2015，44（7）：1758-1762.

［56］ Patermaks G，Moussoutzanis K. Electrochemical kinetic study on the growth of porous anodic oxide films on aluminum ［J］. Electrochemical Acia，1995，40（6）：699-708.

［57］ Regone，N N，Casademont，C，Arurault L，et al. Influence of the anodization electrical mode on the final properties of electrocolored and sealed anodic films prepared on 1050 aluminum alloy [J]. Materials Chemistry and Physics, 2022, 288: 126369-126377.

[58] Shangguan E, Chang Z, Tang H, et al. Comparative structural and electrochemical study of high density spherical and non-spherical Ni (OH)$_2$ as cathode materials for Ni-metal hydride batteries [J]. Journal of Power Sources, 2011, 196 (18): 7797-7805.

[59] Song H, Pan Y, Tang A, et al. Polypyrrole-coated loose network mesoporous carbon/sulfur composite for high-performance lithium-sulfur batteries [J]. Ionics, 2019, 25 (7): 3121-3127.

[60] Joseph John M, Manoj M, Abhilash A, et al. Sulfur/polypyrrole composite cathodes for applications in high energy density lithium-sulfur cells [J]. Journal of Materials Science-materials in Electronics, 2020, 31 (16): 13926-13938.

[61] Krishnamoorthy K, Veerasubramani G K, Radhakrishnan S, et al. One pot hydrothermal growth of hierarchical nanostructured Ni$_3$S$_2$ on Ni foam for supercapacitor application [J]. Chemical Engineering Journal, 2014, 251: 116-122.

[62] Qian H, Wu B, Nie Z, et al. A flexible Ni$_3$S$_2$/Ni@CC electrode for high-performance battery-like supercapacitor and efficient oxygen evolution reaction [J]. Chemical Engineering Journal, 2021, 420: 127646-127655.